Allgemeine Agrargeographie

von

Bernd Andreae

1985

Walter de Gruyter · Berlin · New York

Dr. agr. *Bernd Andreae*

o. Professor, (von 1960 bis 1980 Ordinarius für Landwirtschaft-
liche Betriebslehre an der Technischen Universität Berlin)
Schweinfurthstraße 25
D-1000 Berlin 33

Dieser Band enthält 45 Abbildungen – davon 21 Weltkarten –
und 24 Übersichten.

CIP-Kurztitelaufnahme der Deutschen Bibliothek

Andreae, Bernd:
Allgemeine Agrargeographie / von Bernd Andreae. – Berlin ;
New York : de Gruyter, 1985.
   (Sammlung Göschen ; 2624)
   ISBN 3-11-010076-2
NE: GT

„Ich dachte, das Leben sei Freude,
doch das Leben war Pflicht.
Ich handelte, und siehe:
Die Pflicht wurde zur Freude!"

Rabindranath Tagore
1861 bis 1941
Indischer Dichter und Philosoph.

Vorwort

In den letzten Jahren ist das Angebot an guten Lehrbüchern der Agrargeographie besonders im angelsächsischen und französischen Sprachbereich stark angewachsen. Im Hinblick auf das Welternährungsproblem und die Not in vielen Entwicklungsländern muß dieses zunehmende Interesse an agrargeographischen Fragen mit Nachdruck begrüßt werden.

Fast alle Lehrbücher setzen jedoch wesentliche Grundkenntnisse in ökologischer und ökonomischer Hinsicht voraus. Außerdem sind sie zumeist im Stoff so umfangreich, daß es dem Anfänger schwerfällt, sich in die doch recht interdisziplinäre agrargeographische Wissenschaft einzuarbeiten. Aus diesem Grunde hielten Verlag und Verfasser es für geboten, den interessierten Kreisen, insbesondere den jüngeren Studenten der Hoch- und Fachschulen, eine kurzgefaßte, moderne, allgemeinverständliche und für jedermann erschwingliche abrißartige Grundlegung in der Gestalt der altbewährten Göschen-Bändchen an die Hand zu geben.

Die Stoffgliederung wurde so vorgenommen, daß dieser Abriß ohne Schwierigkeit neben meinem 1983 in 2., überarbeiteter und stark erweiterter Auflage erschienenen Hauptwerk der Agrargeographie, welches inzwischen auch in englischer Sprache vorliegt, Verwendung finden kann. Der Student, der sich zunächst dieses Abrisses bedient, soll es später leicht haben, bei wachsendem Interesse an der Agrargeographie auf mein Handbuch überzuwechseln. Diesem Ziel zuliebe habe ich inhaltlich auf einiges verzichten müssen, welches der Kundige vermissen dürfte. Ich bitte mir diese Kompromißentscheidungen nachsehen zu wollen. Oberstes Ziel mußte doch sein, Interesse für die immer wichtiger werdende Disziplin Agrargeographie zu wekken.

In mir wurde dieses Interesse zum guten Teil durch meine unvergessene, in achtzehnjährigem Gedankenaustausch auf das Höchste bewährte erste Mitarbeiterin Frau *Elsbeth Greiser*, geb. *Göhle*, wachgerufen. Mein Dank an sie reicht weit über ihr frühes Grab hinaus und bewegt mich an ihrem heutigen 70. Geburtstage.

Berlin-Dahlem, 21. Mai 1984　　　　　　　Bernd Andreae

Inhalt

1 *Agrarbetriebe als Bausteine der Agrarlandschaft* 9
  1.1 Ökonomik der Nutzpflanzenproduktion 10
    1.1.1 Die Landwirtschaft als „Transportgewerbe
      wider Willen" 10
    1.1.2 Ernst Laurs „Wirtschaftszonen des Weltverkehrs" .. 12
    1.1.3 Ökologische Anpassung 13
    1.1.4 Betriebsgröße und Produktionsprogramm 14
    1.1.5 „Nur der Wechsel ist beständig" 14
    1.1.6 Agrarbetriebe als Verbundbetriebe 15
    1.1.7 Grenzen der Spezialisierung 17
  1.2 Ökonomik der Nutztierproduktion 17
    1.2.1 Umfang der Veredelungsverluste 17
    1.2.2 Ertragsverwertende und ertragsveredelnde
      Nutztierproduktion 19
    1.2.3 Technische Fortschritte, angepaßte Technologien
      und Technologie-Transfer 23
    1.2.4 Vor den Schranken des Prometheus 25
    1.2.5 Verfehlter Technologie-Transfer 26
  1.3 Landwirtschaftliche Betriebssysteme der Erde 27

2 *Wandlungstendenzen im Weltagrarraum* 32
  2.1 Von den Anfängen einer landwirtschaftlichen Betätigung . 32
  2.2 Entwicklungsstufen der Faktorenkombination 36
    2.2.1 Der theoretische Ansatzpunkt: Das Grenz-
      produktivitätsprinzip 36
    2.2.2 Die Minimalkostenkombination im Zuge der volks-
      wirtschaftlichen Entwicklung 37
    2.2.2.1 Die Entwicklung vom dünnbesiedelten
      Agrarstaat zum Industriestaat 38
    2.2.2.2 Die Entwicklung vom übervölkerten
      Agrarstaat zum Industriestaat 41
    2.2.3 Theorie der Wirtschaftswirklichkeit 44
    2.2.4 Stufen der Verfahrenstechnik 54
    2.2.4.1 Arbeitsverfahren 55

2.2.4.2 Bewässerungsverfahren 64
2.2.5 Entwicklungstendenzen der Betriebsgrößenstruktur . 70
2.3 Diversifizierung und Spezialisierung des Produktions-
    programmes 75
    2.3.1 Abgrenzung und Begriffsbestimmung 75
    2.3.2 Diversifizierung im vorindustriellen Zeitalter 75
    2.3.2.1 Einseitige Farmen in den Anfängen der Ent-
           wicklung 76
    2.3.2.2 Triebkräfte der Diversifizierung bei steigender
           Arbeitsintensität 77
    2.3.3 Spezialisierung im industriellen Zeitalter 81
    2.3.3.1 Der Zwang zur Spezialisierung bei steigender
           Kapitalintensität 81
    2.3.3.2 Der Spielraum der Spezialisierung bei hoher
           Kapitalintensität 84
    2.3.4 Stufen der Betriebsvielfalt im Zuge der volks-
          wirtschaftlichen Gesamtentwicklung 87
    2.3.4.1 Das historische Zeitbild als theoretisches Modell . 87
    2.3.4.2 Das geographische Raumbild als theoretisches
           Modell 88
    2.3.4.3 Betriebsgrößenbedingte Nuancierungen des
           Entwicklungsverlaufes 89
2.4 Die Staaten der Erde nach ihrer volkswirtschaftlichen
    Entwicklungsstufe 91

3 Räumliche Differenzierungen im Weltagrarraum 94
3.1 Kulturgraphische Gestaltelemente 94
    3.1.1 Bevölkerungsdichte und -struktur 94
    3.1.2 Erwerbsstruktur 99
    3.1.3 Einkommensdifferenzierung 99
    3.1.4 Ernährungsdefizite und Hungerkatastrophen 102
    3.1.5 Ernährungsgrundmuster der Völker 104
    3.1.6 Das Wirtschaftswachstum insgesamt
          als Ursache 108
    3.1.7 Marktwirtschaftliche Grundfragen 108
3.2 Naturgeographische Gestaltelemente 111
    3.2.1 Niederschlagsverhältnisse 111
    3.2.2 Bodenverhältnisse 113
    3.2.3 Phänologische Daten und weitere Faktoren 115
    3.2.4 Klimazonen und Landschaftsgürtel 115
3.3 Wirtschaftsformationen 122

4 *Marginalzonen im Weltagrarraum* 123
  4.1 Die Expansion des Weltagrarraumes als Gegenwarts-
     problem 123
  4.2 Ökologische Grenzen der Farmwirtschaft 125
    4.2.1 Polargrenzen 125
    4.2.2 Höhengrenzen 129
    4.2.3 Trockengrenzen 132
    4.2.4 Feuchtgrenzen und weitere Grenzen 139
  4.3 Ökonomische Grenzen der Farmwirtschaft 140
    4.3.1 Siedlungs- und Industriegrenzen 140
    4.3.2 Verkehrsgrenzen 141
    4.3.3 Kommerzialisierungsgrenzen 142
  4.4 Grenzverschiebungen im Wirtschaftswachstum 143
    4.4.1 Mechanisch-technische Fortschritte als Ursache.... 144
    4.4.2 Biologisch-technische Fortschritte als Ursache 145

5 *Landschaftsgürtel im Weltagrarraum und ihre
für die Agrarwirtschaft bedeutsamen Merkmale*......... 147
  5.1 Tropische Regengürtel 147
    5.1.1 Regenwaldzonen 147
    5.1.2 Feuchtsavannenzonen 149
    5.1.3 Höhenstufen der tropischen Gebirge 150
  5.2 Trockengürtel 151
    5.2.1 Trockensavannenzonen 151
    5.2.2 Dornsavannenzonen 152
    5.2.3 Trockensteppen 153
    5.2.4 Halbwüsten 154
  5.3 Warmgemäßigte Subtropengürtel 155
    5.3.1 Sommertrockene Subtropen.................... 155
    5.3.2 Wintertrockene Subtropen 156
    5.3.3 Immerfeuchte Subtropen 156
  5.4 Kühlgemäßigte Gürtel 157
    5.4.1 Ozeanisch wintermilde Subzonen 157
    5.4.2 Kontinental sommerwarme Subzonen 157
    5.4.3 Kontinental sommerkühle Subzonen 158
  5.5 Kaltgemäßigte, boreale Gürtel 158

6 *Klassifizierungsrahmen für agrarräumliche Einheiten* 160
  6.1 Landwirtschaftliche Betriebsformen 164
    6.1.1 Sammelwirtschaften 166
    6.1.2 Graslandsysteme 169

6.1.2.1 Weidenomadismus 170
6.1.2.2 Ranchwirtschaften 171
6.1.2.3 Intensive Grünlandwirtschaften 172
6.1.3 Ackerbausysteme 174
6.1.3.1 Wanderfeldbau 174
6.1.3.2 Feldgraswirtschaften 175
6.1.3.3 Körnerbauwirtschaften 177
6.1.3.4 Hackfruchtbauwirtschaften 178
6.1.4 Dauerkultursysteme 181
6.1.4.1 Pflanzungen 181
6.1.4.2 Plantagen 182
6.2 Agrarsysteme 186
6.2.1 Stammes- und Sippenlandwirtschaft 187
6.2.1.1 Wandertierhaltung 187
6.2.1.2 Wanderfeldbau 188
6.2.2 Feudalistische Agrarsysteme................... 188
6.2.2.1 Rentenfeudalismus 188
6.2.2.2 Latifundien 189
6.2.3 Familienlandwirtschaft 189
6.2.4 Kapitalistische Agrarsysteme 190
6.2.5 Kollektivistische Agrarsysteme 190
6.2.5.1 Sozialistische Agrarsysteme................... 190
6.2.5.2 Kommunistische Agrarsysteme................ 191
6.3 Regionalisierungen 192
6.4 Agrarregionen 192

Weiterführende Literatur 199

Abkürzungen 210

Englische Maßeinheiten 211

Worterklärungen 212

Register 215

1 Agrarbetriebe als Bausteine der Agrarlandschaft

Die Agrargeographie als Teil der Wirtschaftsgeographie ist die Wissenschaft von der durch die Landwirtschaft gestalteten Erdoberfläche mit ihren natur-, wirtschafts- und sozialräumlichen Beziehungen. Die agrarisch gestaltete Erdoberfläche setzt sich aus Agrarzonen, Agrarregionen und Agrarlandschaften zusammen und diese wiederum aus Agrarbetrieben, welche somit die Bausteine der Agrargeographie ausmachen.

Der Wirtschaftsgeograph dringt von der Weltlandwirtschaft oder von Agrarzonen ins Detail vor, während ich umgekehrt vom Agrarbetrieb ausgehend zum Verständnis größerer Räume fortschreite. Es ist selbstverständlich, daß diese beiden unterschiedlichen Blickrichtungen zu verschiedenen Akzenten, Ergebnissen und Schlußfolgerungen führen müssen. In dieser Feststellung liegt aber kein Werturteil. Nicht ein Entweder-Oder, sondern ein Sowohl-Als-auch wünsche ich mir als Beurteilungsergebnis des Lesers, damit die von den beiden Ufern der Wirtschaftsgeographie und der Agrarökonomie vorgetriebenen Brückenköpfe endlich zu einer Einheit zusammenwachsen.

Will man das Wesen des Agrarbetriebes, der Farm, Ranch oder Plantage nahebringen, so sollte man sich aus didaktischen Gründen zunächst ganz auf die Primärproduktion, die Nutzpflanzenproduktion, konzentrieren und die sich unter Umständen anschließende Sekundärproduktion, die Weiterverarbeitung des gewonnenen Pflanzenmaterials durch Nutztiere, Hausgewerbe oder technische Nebengewerbe erst in einem zweiten Schritt erörtern.

1.1 Ökonomik der Nutzpflanzenproduktion

Kein anderer Wirtschaftszweig ist in so hohem Maße standort-
gebunden wie die Landwirtschaft. Wir verdanken insbesondere
J. H. von Thünen, Fr. Aereboe und *Th. Brinkmann* tiefe Einsichten in die Standortsorientierung von Agrarbetrieben. Hier kann
dieses Thema nur gestreift werden.

1.1.1 Die Landwirtschaft als ein „Transportgewerbe wider Willen"

Der Grund und Boden ist für die Industrie nur Standort der
Gebäude, Abraumhalden usw. Für die Landwirtschaft ist er
darüber hinaus wichtigstes Produktionsmittel, welches ihr den
Namen gab. Die Landwirtschaft kann nicht in Industriehallen
wettergeschützt an verkehrsgünstigen Orten und in der Nähe
eines reichhaltigen Arbeitskräftepotentials konzentriert werden. Agrarbetriebe sind dezentralisiert. Der Landwirt muß sich
mit seinen Geräten, Maschinen, Fahrzeugen usw. zum Acker
hinbewegen und das Erntegut in der Regel über weite Entfernungen bergen, was große innerbetriebliche Transporterschwer-
nisse verursacht. Auch hat er zumeist mit größeren Marktent-
fernungen zu rechnen als die gewerbliche Wirtschaft. *Schurig-
Markee* sprach deshalb von der Landwirtschaft als einem
„Transportgewerbe wider Willen".

Diejenigen Betriebe, bei denen diese Nachteile besonders ausgeprägt sind, müssen auf transportempfindliche Produktionsrichtungen verzichten. Der Praktiker sagt dann: „Der Reinertag
bleibt an den Rädern kleben." Der Speisekartoffelbau ist im
Raume Hannover oder Hamburg gut möglich. Die Geest im
nördlichen Schleswig dagegen hat in den 1950 er Jahren eine
Krise durchgemacht, weil die Transportkosten der Kartoffeln zu
hoch waren. In Teilen Hinterpommerns waren Speisekartoffeln
im Reichsgebiet überhaupt nicht abzusetzen (außer auf kleinen
lokalen Märkten). Kartoffelbau setzte daher Schweinemast (im
Bauernbetrieb) oder eine Brennerei mit Brennrecht (im Großbetrieb) voraus, d. h. eine Veredelung des Erntegutes zwecks
Transportkostenersparnis (s. Abb. 1, unterer Teil).

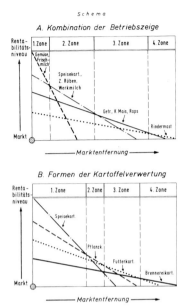

Abb. 1　Wettbewerbsverschiebungen landwirtschaftlicher Betriebszweige bei wechselnder Marktentfernung

Noch transportempfindlicher ist der Frischgemüsebau, der deshalb konsumorientiert betrieben wird. So haben sich um fast alle Großstädte Ringe mit Gemüsebaubetrieben entwickelt. Man kann das gut erkennen, wenn man sich mit dem Flugzeug Hamburg, Frankfurt, München usw. nähert. Im Konservengemüsebau ist die Transportempfindlichkeit allerdings gesunken, seitdem es Pflückerbsendreschmaschinen, Buschbohnenpflückmaschinen usw. gibt.

Der Schlepper hat zunächst die inner- und außerbetriebliche Transportempfindlichkeit gemäßigt. Bei den heutigen Einkommenserwartungen und Löhnen ist er nicht mehr schnell genug. Lastkraftwagen führen sich dann in der Landwirtschaft ein. Um die Lade- und Entladearbeiten zu erleichtern, geht die Entwicklung überall in den Industrieländern zum losen Schüttgut: Milchtankwagen, Getreidebunker am Mähdrescher, Kartoffelbunker am Kartoffelvollernter. Container-Transport führt sich ein.

1.1.2 Ernst Laurś „Wirtschaftszonen des Weltverkehrs"

In wenig entwickelten Regionen ist der Einfluß der Marktentfernung auf die Landwirtschaft so gravierend, daß *E. Laur* 1930 „Wirtschaftszonen des Weltverkehrs" wie folgt abgrenzte:

A. Betriebstypen der Karawanenzone.
  1. Die betriebswirtschaftlichen Verhältnisse der afrikanischen Buschleute.
  2. Die Hack- und Weidewirtschaft der Somali im afrikanischen Osthorn.
  3. Die Wirtschaft der syrischen Wüstenbeduinen.
  4. Die Wirtschaft der syrischen Steppenbeduinen.
B. Betriebstypen der Weidezone.
  1. Die Nomadenwirtschaft der Mongolen.
  2. Die nordamerikanische Steppenwirtschaft.
  3. Die australischen Wollschaf-Betriebe.
  4. Die Alpenwirtschaft. – Zuchtbetriebe.
C. Betriebstypen der Agrarzone.
  1. Die Weizenwirtschaften der russischen Bauern.
  2. Die nordamerikanischen Weizenfarmen.
  3. Die nordamerikanischen Maisfarmen.
  4. Die siamesischen Reisbauern.
D. Betriebstypen der Plantagenzone.
  1. Der kaufmännische Plantagenbetrieb.
  2. Der Eingeborenen-Plantagenbetrieb.
  3. Der Farmer-Plantagenbetrieb.
E. Betriebstypen der Industriezone.
  1. Die Egartenwirtschaft.
  2. Die verbesserte Dreifelderwirtschaft.
  3. Brennerei- und Rübenwirtschaft.
  4. Wirtschaften mit starker viehwirtschaftlicher Produktion.
    a) Kleegraswirtschaften.

b) Die intensiven Gras-Weidewirtschaften der Niederungen.
c) Die holsteinische Koppelwirtschaft.
d) Die Schweinehaltung.
5. Die nutzviehschwachen Betriebe.
6. Zwischen- und Doppelkulturen. – Chinesische und japanische Landwirtschaft.
7. Spezialzweige. – Bienenzucht.
F. Betriebstypen der Lokalzone.
1. Bodennutzungssysteme.
2. Intensive Graswirtschaften.
3. Die Abmelkwirtschaft.
4. Obstbau.
5. Forstwirtschaft (Plenterwirtschaft).
G. Betriebstypen der Wohnzone.
1. Freie Wirtschaft.
2. Gartenbaubetriebe.
3. Städtische Kuhhaltung.
4. Kleinvieh und Geflügelzuchtbetriebe.
5. Selbstversorgerwirtschaften.

1.1.3 Ökologische Anpassung

Doch die unterschiedliche Transportempfindlichkeit der Ernteprodukte bestimmt das Produktionsprogramm der Agrarbetriebe nicht allein. Stadtnähe ansich ruft noch keinen Gemüsebaugürtel hervor, sondern die Böden müssen auch dafür geeignet (nicht zu schwer) und das Klima vorteilhaft (lange Vegetationszeit) sein. Um Neapel stellt sich selbst auf schweren Böden Gemüsebau ein, weil eine lange Vegetationszeit vier bis sechs Ernten im gleichen Jahr verbürgt. Um Stockholm würden selbst leichte, gut bearbeitbare Böden den Gemüsebau nicht annähernd so fördern, weil die kurze Vegetationszeit von langlebigem Gemüse nur eine einzige Ernte im Jahre zuläßt.

Im Kreise Celle kann man wegen leichtem Boden und trockenem Klima keinen reinen Futterbau-Milchviehbetrieb aufziehen, obwohl die Großmärkte Hannover, Braunschweig und Wolfsburg vor der Tür liegen. Auf der Jeverländer schweren

Marsch dagegen gibt es diese Betriebsform überwiegend, obwohl der ausgezahlte Milchpreis viel geringer als im Raume Celle ist. Hier liegt eben ein für Futterbaubetriebe prädestinierter Naturraum vor.

1.1.4 Betriebsgröße und Produktionsprogramm

Kleineren Marschbetrieben bleibt nichts weiter übrig, als trotz niedrigen Milchpreises die Milchproduktion zu betonen. Sie erzielen dann ein höheres Arbeitseinkommen/J. als über Rindermast, wenn auch mit sehr viel mehr Arbeit. Größere Betriebe dagegen können ihren Arbeitskräftebesatz den wünschenswerten Betriebsformen anpassen. Sie betonen die Rindermast, die zwar pro Hektar ein geringeres, pro AK aber ein höheres Einkommen verspricht.

Kleinere Betriebe müssen also die Bodenproduktivität betonen und bevorzugen deshalb Hackfruchtbau und Milchproduktion. Größere Betriebe können die Arbeitsproduktivität betonen und bevorzugen deshalb Mähdruschfruchtbau und Rindermast.

Hierauf ist es zurückzuführen, daß in der Hildesheim-Braunschweiger Börde das Rübenblatt in den kleinsten Betrieben über Milchvieh, in den mittleren über Mastrinder und in den größten Betrieben durch Unterpflügen verwertet wird.

Hierauf ist es auch zurückzuführen, daß im Rhein-Main-Gebiet der Körnermais in kleineren Betrieben vermästet, in größeren direkt vermarktet wird.

Auf Standorten, die heute eine hackfrucht- und rindviehlose Wirtschaftsweise erfordern oder doch besonders wirtschaftlich machen, die also reine Mähdruschfruchtfolgen zulassen, halten die größeren Betriebe keinerlei Vieh, während sich die kleineren über getreideverarbeitende Veredelungsproduktion zusätzliches Einkommen verschaffen.

1.1.5 „Nur der Wechsel ist beständig"

Auch für die Landwirtschaft gilt das Wort des alten Griechen *Heraklit*: „Nur der Wechsel ist beständig". Je schneller das Wirtschaftswachstum verläuft, umso rascher müssen sich die Betriebe weiterentwickeln. Preis-Kosten-Verschiebungen und technische Fortschritte sind es, die immer wieder die Wettbewerbsverhältnisse unter den Betriebszweigen verschieben und deshalb zu Betriebsumstellungen zwingen.

Ein geradezu säkularer Umstellungsprozeß ist den Älteren von uns noch in lebhaftem Gedächtnis: Der Umschwung der Intensivierungsphase der deutschen Landwirtschaft zu Anfang der 50er Jahre in die Extensivierungsphase, verursacht durch steigende Arbeitskosten und technische Fortschritte. Von 1943 bis 1972 ist in der Bundesrepublik Deutschland der lohnempfindliche Hackfruchtbau von 25,1% auf 16,3% Afl. zurückgefallen, während sich der lohntolerante Getreidebau von 54,7% auf 70,1% Afl. ausdehnte. Von 1956/57 bis 1971/72 ging der Arbeitskräftebesatz je 100 ha LF um 18,0 auf 7,1 drastisch zurück. Das Arbeitseinkommen stieg von 679 auf 1134 DM/ha LF. Das Arbeitseinkommen in DM/Voll-AK hat sich mehr als vervierfacht (nominal, Betriebe über der Grenze nach § 4 LwG).

In diesem Zeitraum wurde die Ertragslage der meisten Intensiv-Betriebszweige immer schlechter und diejenige der meisten Extensiv-Betriebszweige immer besser. Die westdeutsche Landwirtschaft hat die Konsequenzen gezogen. Es trat lediglich eine gewisse zeitliche Phasenverschiebung ein, weil jede Betriebsumstellung Schwierigkeiten macht und die meisten auch mit Investitionen verbunden sind.

1.1.6 Agrarbetriebe als Verbundbetriebe

Größeren Agrarbetrieben kommt es heute auf die Netto-Arbeitsproduktivität an. Diese liegt bei mindestens durchschnittlichen Erträgen, Preisen und Arbeitsverfahren
- *sehr niedrig* im Speisekartoffel-, Möhren- und Obstbau, in der Bullenmast und vor allem in der Milchproduktion;
- *in mittlerem Rahmen* im Zuckerrüben-, Fabrikkartoffel-, Pflückerbsen- und Buschbohnenbau und
- *am höchsten* im Getreide-, Raps- und Körnermaisbau.

Wer nicht viel von Landwirtschaft versteht, mag darüber sinnieren, warum die Bauern denn unter solchen Verhältnissen nicht nur noch Getreide, Raps und Körnermais anbauen, wo doch ein solcher Produktivitätsabstand zu den übrigen Betriebszweigen besteht.

Tatsächlich sind einige Agrarbetriebe in der glücklichen Lage, völlig viehlos mit reinen Mähdrusch-Fruchtfolgen wirtschaften zu können. Die weitaus überwiegende Mehrzahl der Betriebe kann das jedoch aus folgenden Gründen nicht tun:

Fruchtfolge: Nicht jedem Betriebe stehen auf seinem Standort Mähdruschblattfrüchte zur Verfügung. Reine Getreidefolgen aber führen auf ungünstigen Standorten zu Ertragsminderungen von rund 20% gegenüber Fruchtwechselwirtschaften. Da mit wachsendem Getreideanteil in % LF gleichzeitig die Kosten pro Hektar Getreide steigen, sinkt die Arbeitsproduktivität noch stärker als die Naturalerträge und nähert sich dann bald der Größenordnungen der mittleren der o. g. Produktivitätsgruppen.

Arbeitsverwertung: Die meisten westdeutschen Agrarbetriebe sind für eine reine Mähdruschfruchtfolge zu klein, um ihr Arbeitspotential voll einsetzen und ein einigermaßen befriedigendes Einkommen erzielen zu können. Wer Rübenkontingente und -böden besitzt, ist bei der derzeitigen Ertragslage des Zuckerrübenbaues fein heraus, zumal er dann in der Blattverwertung je nach seinem Arbeitspotential flexibel und elastisch ist.

Futterverwertung: Ist jener Betrieb gezwungen, zur Einkommensschöpfung das Rübenblatt über Rindvieh zu verwerten, so besitzt er mindestens die drei Betriebszweige Zuckerrüben-, Getreidebau und Rindviehhaltung. Die meisten Betriebe müssen auch zwecks Verwertung absoluter Dauergrünlandflächen Rindvieh halten. Zwischenfrüchte, Erbsenstroh usw. bieten billige Futterstoffe mit geringen Nutzungskosten, die die meisten Betriebe bei ihrer unbefriedigenden Einkommenslage nicht unbeachtet lassen können.

Stalldüngerversorgung: Sehr kleine Betriebe mit intensiver, hackfruchtstarker, humuszehrender Bodennutzung sind auf Wiederkäuerhaltung zur Stalldüngerversorgung selbst dann angewiesen, wenn keine absoluten Futterstoffe vorhanden sind. Zwar haben wir bezüglich Strohdüngung und Gründüngung viel hinzugelernt: Vollwertiger Stalldüngerersatz ist das aber nicht.

Arbeitsverteilung: Alle Bodennutzungs- und viele Viehhaltungszweige sind bezüglich ihres Arbeitsbedarfs an den Rhythmus der Vegetationszeit gebunden. Man braucht daher mehrere Betriebszweige, die sich in ihren saisonalen Arbeitsansprüchen ergänzen, wenn man den teuersten Produktionsfaktor, die Arbeitskraft, ganzjährig produktiv zum Einsatz bringen will.

Risikoausgleich: Schließlich brauchten wir nicht gerade die jüngsten Dürrekatastrophen in Afrika verfolgt zu haben, um zu wissen, daß man sich in der Landwirtschaft in den meisten Fällen nicht „auf ein Bein stellen kann". Die Preisschwankungen bei Frischgemüse, Speisekartoffeln oder Wein sind weitere Beispiele für die Risikoanfälligkeit von Agrarbetrieben.

1.1.7 Grenzen der Spezialisierung

Risikoausgleich durch mehrseitige Wirtschaftsweise ist besonders Lohnarbeiterbetrieben geboten, weil dieses Jahr für Jahr hohen Lohnsummen unabhängig von der jeweiligen Wirtschaftslage auszahlen müssen. Im Kleinbetrieb ist die Viel- bzw. Mehrseitigkeit vorwiegend arbeitswirtschaftlich bedingt, im Großbetrieb spielt der Risikoausgleich die entscheidende Rolle. Beide sind und bleiben in ihrer ganz überwiegenden Mehrzahl Verbundbetriebe. Im allgemeinen kann man heute für Westeuropa sagen:

Vielseitige Betriebe sind seit Mitte der 50er Jahre stark im Rückgang begriffen.

Einseitige Betriebe sollten auf Ausnahmen beschränkt bleiben.

Mehrseitige (spezialisierte) Betriebe sind heute für die breite Masse der Landwirtschaft zeitgemäß.

1.2 Ökonomik der Nutztierproduktion

1.2.1 Umfang der Veredelungsverluste

Als „Massentierhaltung" wird die nicht von der Natur erzwungene, sondern vom Menschen entgegen alternativen Haltungsmöglichkeiten gewollte und forcierte Großherdenhaltung angesprochen. Sie hat sich besonders in der Schweine- und Geflügelhaltung durchgesetzt. Hühner sind heute in den Industrieländern überwiegend zu Tausenden und Zehntausenden in Boden- oder Batteriehaltungen konzentriert. Gefüttert werden zu einem sehr hohen Anteil Getreideerzeugnisse. Diese Hühner sind also direkte Nahrungskonkurrenten des Menschen geworden und fordern diesem – naturalwirtschaftlich – empfindlich hohe Veredelungsverluste ab.

Von 1969/71 bis 1980 stieg der Hühnerbestand in der Welt um 35%, in den Entwicklungsländern um 47%, in den Industrieländern aber nur um 24%. In den USA sank der Hühnerbestand um 7% und in der Bundesrepublik in dem genannten Zeitraum sogar um 10%, was natürlich nicht ausschließt, daß der Anteil der Massentierhaltungen dennoch wuchs. Überraschend ist, daß die Entwicklungsländer ihren Anteil am Welthühnerbestand von 1969/71 bis 1980 von 48 auf 53% vergrößerten (FAO 1981).

Die Frage der Veredelungsverluste ist nun aber kein Spezialproblem der Geflügelhaltung, sondern in unserer hungernden Welt ein Kardinalproblem der Ernährungswirtschaft überhaupt. Nach W. Brandes und E. Woermann (1982) beträgt die Ausbeute an Eiweiß/Energie als Anteil der aufgewendeten Nährstoffmengen zum Beispiel

– Bei der *Milchproduktion* (Nutzungsdauer 5 J., Fettgehalt 3,5% Jahresmilchleistung je Kuh 4500 kg)   39/28%
– bei der *Rindermast* (Jungrinder, Endgewicht 500 kg lebend, Schlachtwertklasse A)   12/10%
– bei der *Fleischschweinemast* (Schnellmast mit Getreide oder Kartoffeln bis zum Gewicht von 100 kg)   33/27%
– bei der *Eiererzeugung* bei 200 Eiern/Henne und J.   28/12%
– bei der *Hühnermast*   25/8%

Die Nutzviehhaltung ist also ein äußerst luxuriöser Nährstofftransformator. Sie sollte deshalb in Räumen und Zeiten mit Nahrungsmangel in Grenzen gehalten werden.

1.2.2 Ertragsverwertende und ertragsveredelnde Nutztierproduktion

Diese Grenzen liegen nun aber je nach Tierart, Nutzungsrichtung und Leistung auf einem sehr unterschiedlichen Niveau. Mehr Klarheit entsteht schon, wenn man unterscheidet:
1. Die *ertragsverwertende Nutzviehhaltung* die überwiegend von Futterstoffen lebt, die dem Menschen nicht ohne den Umweg über das Vieh als Nahrung dienen können, wie Weidegras, Heu, Silage, Rübenblatt, diverse Zwischenfrüchte usw. Wichtigste Tierart ist hier das Rindvieh, dessen Haltungsformen in der Abb. 2 systematisiert wurden.

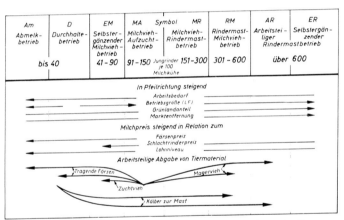

Abb. 2   Formen der Rindviehhaltung und ihre Standortorientierung

2. Die *ertragsveredelnde Nutzviehhaltung* die überwiegend von Futterstoffen lebt, die auch ohne den tierischen Veredelungsprozeß für den Menschen schon genußreif sind, wie ganz besonders von Getreide. Man spricht deshalb auch gerne von „getreideverarbeitender Veredelungsproduktion". Der Wortteil „Veredelung" will verdeutlichen, daß die Tierprodukte im allgemeinen für die menschliche Ernährung einen höheren Wert besitzen als die pflanzlichen Stoffe, aus denen sie hervorgingen.

An der Verwertung der Nebenerzeugnisse des Marktfruchtbaues sind beide Gruppen der Nutztiere beteiligt.

Nun zeigt aber die Statistik, daß die beiden wichtigsten Vertreter der ertragsveredelnden Nutzviehhaltung, die Geflügel- und Schweinehaltung, in den Entwicklungsländern 1979 nur 10,6% des gesamten Nutztierbestandes ausmachten. Berücksichtigt man noch, daß auch diese in Entwicklungsländern ganz überwiegend auf der Grundlage absoluter Futterstoffe (Abfälle, Weide usw.) gehalten werden, so erkennt man, daß die ertragsveredelnde Nutzviehhaltung so gut wie gänzlich in den Industrieländern betrieben wird. Diese haben ihre bemerkenswerten Hektarertragssteigerungen in den letzten Jahrzehnten, zum Beispiel bei Getreide, ernährungswirtschaftlich weitgehend dadurch neutralisiert (in quantitativer Hinsicht!), daß sie wachsende Getreidemengen der Eierproduktion und Intensivmastsystemen zuführten und damit den oben genannten und konkretisierten Veredelungsverlusten aussetzten. Im Falle der Hähnchenmast kam dann nur ein Viertel der im verfütterten Getreide enthaltenen Eiweiß- und nur 8% der eingesetzten Energiemenge der menschlichen Nahrungswirtschaft zugute.

In den Industrieländern trug das Getreide 1972/74 nur noch zu 30,7% zur Energieversorgung der Menschen bei, in den Entwicklungsländern aber zu 61,0%. Dennoch belief sich der Pro-Kopf-Verbrauch an Getreide in Entwicklungsländern nur auf rund 200 kg, während er in den Industrieländern über 900 kg betrug. In der letzteren Ländergruppe werden allerdings nur 10% direkt der menschlichen Nahrungswirtschaft zugeführt, während 90% zuvor veredelt werden, zumeist zu Eiern und Fleisch, also zu Produkten mit einer nur geringen Nährstoffausbeute. P. v. Blanckenburg (1981) fragte, ob nicht in den reichen Ländern aus ernährungsökonomischen wie aus ethischen Gründen der Verteilungsgerechtigkeit eine Einschränkung insbesondere des Fleischverbrauches geboten sei, um dadurch erhebliche Getreidemengen für Entwicklungsländer freizusetzen. P. v. Blanckenburg verweist in diesem Zusammenhang auf die FAO-Studie C 79/24 „Agriculture Towards 2000" (1979), wonach das Getreidedefizit allein in den marktwirtschaftlich orientierten Entwicklungsländern, welches damals bei 35 Mill. t lag, bis zum

Jahre 2000 auf über 150 Mill. t wächst, wenn sich die Erzeugungs- und Verbrauchstrends der jüngsten Vergangenheit fortsetzen sollten.

Richtig ist, daß sich für die menschliche Nahrungswirtschaft die verfügbaren Einweißmengen verdrei- und die Energiemengen vervierfachen, wenn man eine bestimmte, bisher über die Fleischschweinemast veredelte Getreide- und Kartoffelmenge unter Ausschaltung des tierischen Veredelungsprozesses direkt der menschlichen Ernährung zuführt. Deshalb wurden in der deutschen Ernährungswirtschaft in den beiden Weltkriegen die Schweinebestände drastisch reduziert. Und deshalb haben die dichtbesiedelten und ernährungswirtschaftlich bis zum Äußersten angespannten Länder VR China und Indien niemals eine getreideverarbeitende Veredelungsproduktion größeren Stils entwickeln können.

Als Welternährungsperspektive scheint mir aber ein Abbau von einmal etablierter getreideverarbeitender Veredelungsproduktion wenig ergiebig zu sein, weil sie eine Inversion ernährungsökonomischer Entwicklungstheorien bedeuten würde.

Ernährungsphysiologisch stützen neuere Erkenntnisse zwar die These, daß die ertragsveredelnde Nutzviehhaltung beschränkt werden könnte, weil man heute weiß (P. v. Blankenburg 1981),
- daß besonders Erwachsene nicht unbedingt auf tierisches Eiweiß angewiesen sind;
- daß also eine rein vegetarische Ernährung möglich ist;
- daß der Eiweißbedarf in den meisten Ernährungsgrundmustern der Erde schon mit einer ausreichenden Energieversorgung gedeckt wird und
- daß die Energieversorgung in den Entwcklungsländern heute wesentlich kritischer zu beurteilen ist als die Eiweißernährung.

Tatsächlich tragen tierische Produkte in Entwicklungsländern nur mit 7,4% zur Energieversorgung bei (vgl. Übersicht 1).

Entwicklungstheoretisch aber ist sogar mit einer Expansion der ertragsveredelnden Nutzviehhaltung zu rechnen, und zwar *nicht nur deshalb*, weil die Einkommen im Wirtschaftswachstum steigen und die Einkommenselastizität der Nachfrage nach Fleisch, Milch und Eiern hoch ist und für produktionsstimulierende Er-

Übersicht 1: Konsumstrukturen in der Nahrungswirtschaft 1972/74 (Quelle: FAO)

Nahrungsproduktgruppe	Anteil an der Energieversorgung in %			
	Entwicklungsländer		Industrieländer	
A. Pflanzliche Nahrungsgüter	91,6		69,0	
davon				
Getreide		61,0		30,7
Stärkepflanzen		8,1		4,7
Zucker		7,1		12,9
Hülsenfrüchte, Nüsse, Ölsaaten		6,4		2,4
Öle und Fette		5,4		14,0
Obst und Gemüse		3,6		4,3
B. Tierische Nahrungsgüter	7,4		25,4	
davon				
Fleisch		3,9		13,4
Milch		2,2		8,9
Eier und Fisch		1,3		3,1
C. Sonstige Nahrungsgüter	1,0		5,6	
Energieversorgung insgesamt	100		100	

zeugerpreise sorgt (vgl. Übersicht 2), *sondern auch deshalb,* weil im Zuge der volkswirtschaftlichen Entwicklung immer größere Gruppen der Bevölkerung zu konzentrierterer Tätigkeit übergehen, die auch konzentriertere Ernährung verlangt. Ein vorwiegend körperlich arbeitender Wanderhackbauer oder Plantagenarbeiter kann sich sein wohl allein von Getreide, Knollen- und Wurzelfrüchten ernähren. Ein Wirtschaftsmanager aber, ein Fluglotse oder ein Taxifahrer können ihren geistigen Anforderungen und häufigen Streßsituationen nur bei einer so konzentrierten Ernährung Herr werden, wie sie aus pflanzlichen Nahrungsgütern allein kaum bereitgestellt werden kann.

Übersicht 2: Anteil tierischer Produkte am Energie- und Eiweißverbrauch in Ländergruppen unterschiedlichen Pro-Kopf-Einkommens, 1976

Pro-Kopf-Einkommen US-Dollar	Zahl der Länder	Anteil tier. Produkte	
		am Energie-konsum (%)	am Eiweiß-konsum (%)
200	29	5,9	8,9
200– 499	33	8,9	20,5
500–1999	53	14,8	33,7
2000–4999	25	27,2	49,6
5000 und mehr	18	34,2	63,0

Quelle: Jahnke, H. E., nach The World Bank: 1980 World Bank Atlas, 15. Ed., Washington, D.C., 1980.

1.2.3 Technische Fortschritte, angepaßte Technologien und Technologie-Transfer

Von „Technischen Fortschritten" spricht man dann, wenn neue Technologien neue Produktionsfunktionen mit höherer ökonomischer Effizienz ermöglichen. Technische Fortschritte sind Früchte des menschlichen Geistes, speziell der Wissenschaft und Technik, welche Wirtschaft und Gesellschaft im Zuge der Entwicklung in wachsendem Maße beherrschen. Auf 10 000 Menschen entfallen
– in afrikanischen Entwicklungsländern nur etwa fünf Wissenschaftler und Ingenieure sowie acht Techniker,
– in den Industrieländern dagegen 112 Wissenschaftler und Ingenieure sowie 142 Techniker (Ilo – Nachrichten, 17 (1981), Nr. 2, S. 4).
Industrieländer zeugen daher weit mehr technische Fortschritte als Entwicklungsländer. Dadurch erbringen sie auch für die Dritte Welt wesentliche Leistungen, obwohl zu berücksichtigen ist, daß nur ein Bruchteil der für Industrieländer entwickelten Technologien auch für Entwicklungsländer Fortschritte be-

deuten. Selbst in den im Prinzip übertragungsfähigen Fällen sind zumeist wesentliche Modifizierungen und Vereinfachungen (Angepaßte Technologien) die Voraussetzung für eine sinnvolle Übernahme in Entwicklungsländer (Technologie-Transfer).

Selbst diese Technologie-Anpassung und diesen Technologie-Transfer überlassen die Entwicklungsländer weitgehend den Industrieländern. Die Weltbank schätzt den jährlichen Aufwand für die Weltagrarforschung auf fünf bis sechs Mrd. US-Dollar. Davon entfällt nur rund ein Viertel auf Entwicklungsländer. Die Industrieländer geben den fünfzehnfachen Anteil ihrer landwirtschaftlichen Wertschöpfung wie die Entwicklungsländer für Agrarforschung aus. Hingegen wenden die Entwicklungsländer weit mehr für die Verbreitung bereits vorhandener Agrartechnologien mittels Beratung usw. auf.

Die Triebkräfte landwirtschaftlicher Entwicklungen lassen sich samt und sonders auf technische Fortschritte oder auf Preis-Kostenverschiebungen zurückführen, wobei letztere zum Teil noch eine Folge ersterer sind.

Technische Fortschritte können auch von Futurologen nur sehr begrenzt vorausgesagt werden. Wenn es sich um echte Neuerungen handelt, treten sie zumeist ungeahnt und plötzlich auf. Selbst die Verbesserung und Vervollkommnung bereits vorhandener Agrartechnologien kann zwar in bestimmten Richtungen gewünscht und gewollt werden, doch liegt auch ihr Gelingen oft im Dunkel der Zukunft verhüllt.

Bei der Unmöglichkeit, technische Fortschritte auch nur einigermaßen zutreffend vorauszuschauen, sollen hier nur beispielhaft einige Entwicklungsarbeiten aus dem Bereiche der Tierproduktion angedeutet werden, die möglicherweise früher oder später den Rang technischer Fortschritte erlangen können, die also kostensparende oder (und) ertragsteigernde Wirkungen versprechen, so daß neue Produktionsfunktionen mit höherer ökonomischer Effizienz entstehen (G. Thiede (1972 und 1973).

In der Bundesrepublik Deutschland erzeugten 1973 knapp halb so viele Landwirte und Landarbeiter wie 1950 auf einer etwas geringeren Fläche doppelt so viel Nahrungsmittel. Um das erreichen zu können, steigerten sie ihren Kapitaleinsatz auf das Fünffache. Die Produktionsleistung je Arbeitskraft stieg mengenmäßig auf das Vier- bis Fünffache und wertmäßig auf das Achtfache an.

Um 1950 erzeugte ein Landwirt im Bundesgebiet die Nahrung für acht bis zehn, um 1970 bereits für 28 bis 30 Menschen. Die Zeit ist nicht mehr fern, in der ein Landwirt so viele Nahrungsgüter erwirtschaften wird, wie 55 bis 60 Bürger verzehren werden. F. Coolmann geht sogar davon aus, daß eines fernen Tages auf einen Nahrungserzeuger 300 Verbraucher entfallen werden (G. Thiede 1973).

Die *Milchleistung der westdeutschen Kühe* betrug 1950 2560 kg/J., 1980 nahezu 4540 kg/J. Hochleistungsställe erreichen 7000 kg/Kuh und das scheint irgendwann die allgemeine Durchschnittsleistung zu werden. Die physiologische Leistungsgrenze für die europäischen Milchrassen wird mit 8500 bis 9000 kg Milch je Kuh und Jahr angegeben.

In der *Legehennenhaltung* führten die Probleme der Geruchsbelästigung und Kotbeseitigung bei Massentierhaltung zur Konstruktion von „*Wegwerfställen*", die nur eine Legeperiode genutzt werden und anschließend als überdachte Düngerstätte dienen.

In Japan gelang es, *Kuhherden per Funk zu lenken*, zum Beispiel zur Rückkehr in den Stall aufzufordern. Dem Leittier wird ein Funkempfänger in die Hörnerspitzen eingebaut.

1.2.4 Vor den Schranken des Prometheus

In der Schweinezucht arbeitet man an der „*mutterlosen Aufzucht*" bei automatischer Ferkelfütterung von Geburt an, um fast drei Würfe pro Sau und Jahr zu erzielen. Ja, mehr noch: Um die Zeit im Mutterleibe abzukürzen und die Aufzuchtkosten je Ferkel noch ein wenig zu verbilligen, wurde die bestialische Methode ersonnen, die Ferkel bereits einige Tage vor dem Wurftermin durch Kaiserschnitt zu holen, ein Eingriff, den keine Jungsau auch nur einmal überlebt. Spätestens hier fragt man sich, wann die Schranken, die die Gesetze der Natur dem prometheischen Menschen unerbittlich ziehen, überschritten werden. Wie lange dürfen wir die Natur noch ungestraft zu unseren Gunsten umgestalten? Wo bietet die Ethik dem materiellen Streben endlich Halt? Was ist noch technischer Fortschritt – was aber ethischer Rückschritt?

Die Tierzucht experimentiert auch an der *operativen Verpflanzung befruchteter Eizellen* besonders wertvoller Muttertiere in genetisch weniger wertvolle „Ammen". Man erstrebt damit eine schnellere Verbreitung hochwertigen weiblichen Erbgutes, nachdem dieses bezüglich des männlichen Erbgutes durch die künstliche Besamung gelang. Bei letzterer versucht man, *die X- und Y-Spermien zu trennen,* und somit das Geschlecht der Nachkommen zu bestimmen.

Die *Verschmelzung von zwei Embryonen* zu einem einzigen ist bei Mäusen schon möglich. Wenn das gleiche bei landwirtschaftlichen Nutztieren gelingen sollte, so würde dies zu Tieren führen, welche die Eigenschaften von zwei Elternpaaren tragen (tetraparentale Tiere).

In Berlin züchtet Peter Horst in Kooperation mit Malaysia federarme, halbnackte Hühner speziell für die Tropen. Durch „Entlastung" von dem Federkleid will man die Hitzetoleranz der Tiere erhöhen, um dadurch zu höheren Leistungen kommen zu können. Es hat sich aber erwiesen, daß nackte Hühner unter bestimmten Tropenklimaten unter einem Sonnenschutzdach gehalten werden müssen, anderenfalls erliegen sie dem Sonnenbrand. Haltung unter Dach aber bedeutet zwangsläufig räumliche Konzentration der Tiere und damit Zufütterung mit Konzentraten. Die Legehenne wird zum Nahrungskonkurrenten des Menschen und verursacht empfindliche Veredelungsverluste. Sie beeinträchtigt also die Nahrungswirtschaft des Menschen.

1.2.5 Verfehlter Technologie-Transfer

Als Ökonom muß man sich überhaupt fragen, warum die Tierproduktionsforschung, welche die Industrieländer für die Entwicklungsländer betreiben, so stark auf die Massentierhaltung ausgerichtet ist. Man arbeitet mit Vorliebe nicht nur über Geflügelgroßbestände, sondern auch über corral dairy (Massentierhaltung von Milchkühen), feed lots (Massentierhaltung von Schlachtrindern zur Endmast) und anderes. Was nützt das den freien Bauernwirtschaften der Entwicklungsländer? In allen akkerbaufähigen Entwicklungsregionen liegt die Berechtigung zu jeder Form der Nutztierhaltung, zur Inkaufnahme ihrer hohen Veredelungsverluste, zur Inanspruchnahme solcher luxuriöser Nährstofftransformatoren doch gerade in der Haltung nur weniger Tiere in den auf Pflanzenproduktion gestützten Bauernwirtschaften. Diese suchen sich absolute Futterstoffe wie Erntereste, Unkrautsamen, Küchenabfälle usw. im Hof, an Wegrainen, auf Unland, in Wald, Busch und Savanne zusammen, die ohne diese sammelnden Tiere der menschlichen Nahrungswirtschaft verlorengingen. Die Nutzungskosten dieses Futters (Kosten sind entgangener Nutzen!) sind dann dem Nullwert nahe. Auch der Arbeitsaufwand ist bei einer so kleinen, dem Ackerbaubetrieb als Nebenbetriebszweig beigeordneten Tierhaltung nur gering, so daß auf diese Weise billig hergestellte Tierprodukte gelegentlich die überwiegend pflanzliche Kost selbst der ärmlichsten ländlichen Bevölkerung zu bereichern vermögen.

Alle technischen Fortschritte helfen mit, die Armut in der Welt zu mindern, wie umgekehrt steigende Einkommen (vgl. Übers. 3) Anreiz zur Entwicklung immer neuer Technologien schaffen, um wachsende Bedürfnisse immer besser befriedigen zu können.

Man muß nur darauf achten, daß Innovationen nicht um ihrer selbst willen entwickelt werden, sondern mit Hilfe ökonomischer Kategorien den Rang echter technischer Fortschritte erlangen. In der Tierproduktion einer in weiten Teilen hungernden Welt ist das wegen der unvermeidlichen Veredelungsverluste eine besonders schwierige und verantwortungsvolle Aufgabe.

1.3 Landwirtschaftliche Betriebssysteme der Erde

Die Abbildung 3 zeigt eine von *H. Hambloch* (1982) entwickelte, recht grobe, aber außerordentlich aufschlußreiche Weltkarte landwirtschaftlicher Betriebssysteme. Ohne an dieser Stelle auf Methodenfragen eingehen zu können, sei der noch nicht tropenkundige Leser mit folgenden Hinweisen überrascht:
1. *Im Weltmaßstab überwiegen die Weideflächen* die Ackerflächen weit.

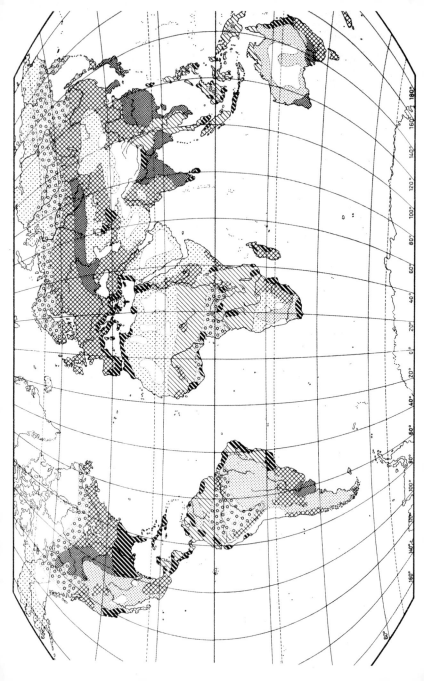

Abb. 3 Landwirtschaftliche Betriebssysteme der Erde (n. H. Hambloch 1982). Mit freundlicher Genehmigung von Autor u. Verlag nach gebildet aus: Hermann Hambloch, Allgemeine Anthropogeographie, 5., neu bearb. Aufl. Franz Steiner Verlag, Wiesbaden 1982, Anhang

Ohne landwirtschaftl. Nutzung

Waldland mit extensiver oder inselhafter landwirtschaftlicher Nutzung

Feldbau

mit Flächenwechsel, unterschiedliche Formen der Viehhaltung

mit Fruchtwechsel, überwiegend Rinder- und Schweinehaltung

Weidewirtschaft

mit bodenvagen Siedlungen (Nomadismus), einzelne Feldbauinseln und Übergänge zur Weidewirtschaft

mit bodensteten Siedlungen (Ranching), kein oder geringer Feldbau

mit Getreidemonokulturen, unterschiedliche Formen der Viehhaltung

mit Dauer-, Sonder- u. Stockwerkkulturen, unterschiedliche Formen der Viehhaltung

Übersicht 3: Anzahl von notwendigen Jahren, um ein Bruttosozialprodukt von 1000 US-Dollar pro Kopf zu erreichen

Weltregion	BSP/ Kopf 1970	Jährliche Wachstumsrate		
		1 %	2,8 %	4 %
China	74	259	94	66
Lateinamerika (hohes Einkommen)	472	75	27	19
Lateinamerika (niedriges Einkommen)	403	91	33	23
Südeuropa	490	71	26	18
Mittlerer Osten	222	150	55	38
Südafrika	710	34	12	8
Afrika, Sahelzone	118	213	77	54
Indien	129	204	74	52
Afrika, tropisch	140	196	71	50

Quelle: World Food Futures, Food Policy, 3 (1978), S. 124.

2. Allen Unkenrufen zum Trotz behauptet das *Hirtennomadentum* nach wie vor riesenhafte Flächenareale, welche allerdings ganz überwiegend aus sehr wenig produktiven semiariden und ariden Trockenlagen bestehen.

3. Die bodenstete *Ranchwirtschaft* hat sich in größeren Regionen nur in den Siedlungsgebieten des Weißen Mannes entwickeln können (Westen der USA, Brasilien, Argentinien, Südafrika, Namibia, Zimbabwe, Australien, Kasachstan, Turkestan, Usbekistan usw.). Ursache ist die hohe Kapitalintensität dieser wegen starker Festkostenbelastung nur in Großflächenwirtschaft existenzfähigen Betriebsform.

4. *Anbausysteme mit Flächenwechsel* – in Mitteleuropa nur noch von historischem Interesse) beherrschen auch heute noch die größten Areale der feuchten Tropen. Je geringer die Besiedlungsdichte ist, umso mehr trifft dieses zu (Amazonasbecken, Äquatorialafrika, Thailand, Sumatra, Borneo, Neuguinea, Nordspitze Australiens usw.).

5. *Getreidemonokulturen* – auf deutschem Boden vor vier Jahrzehnten undenkbar und auch noch vor drei Jahrzehnten verpönt – bedecken gigantische Areale unseres Erdballes, und zwar nicht nur in dünnbesiedelten Ländern wie den USA, Kanada und der UdSSR, sondern auch in den äußerst dicht besiedelten und volkreichsten Staaten der Erde, der Volksrepublik China und Indien. Letztere liegen im „Hungergürtel der Erde" (sh. Abb. 4). Ihr Grundnahrungsmittel ist eindeutig der Reis.

6. *Dauer-, Sonder- und Stockwerkkulturen* konzentrieren sich nicht nur im Mittelmeerraum, sondern weltweit in Küstennähe. Florida und Kalifornien, Mittelamerika und Brasilien, Südafrika, Mozambique und Madagaskar, Malaysia, Java und Nordost-Australien sind Beispiele. Die Begründung dieses Phänomens muß späteren Erörterungen vorbehalten bleiben.

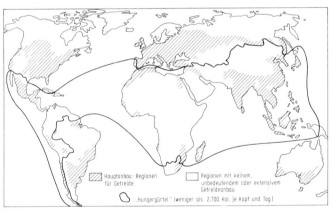

Abb. 4   Hauptanbau-Regionen für Getreide und der Hungergürtel der Erde. Entwurf: B. Andreae, nach Miller u. Renner, Aktuelle IRD-Landkarte. IRO-Verlag ünchen

2 Wandlungstendenzen im Weltagrarraum

2.1 Von den Anfängen einer landwirtschaftlichen Betätigung

Den Entwicklungsverlauf der Landwirtschaft kann man grob in drei Epochen gliedern. Diese drei Stufen, welche sich in den heutigen Industrieländern im zeitlichen Nacheinander ablösten, sind im räumlichen Nebeneinander der Entwicklungsländer noch in unseren Tagen existent.

1. Die rein *okkupatorischen Wirtschaftsformen*, Sammler, Jäger, Fischer und Hirten kämpfen gegen den Zwang einer zunehmenden Extension ihres Aktionsradius an. Ganze Völker – wie die Buschleute – verhungerten oder verkümmerten in gleichem Maße wie ihre Nahrungsquellen versiegten. Der Standort gab nicht mehr genug her, das war ihr Problem.

Die Nomadenbevölkerung der sechs Sahel-Länder nahm in den letzten drei Dezennien jährlich um 1,7% zu. Die Viehbestände stiegen etwa entsprechend. Überweidung war die Folge. Als dann Anfang der 70er Jahre auch noch die große Dürre eintrat, entstand eine Hungerkatastrophe, die die Welt erschaudern ließ. Die Natur korrigierte in grausamer Weise das biologische Gleichgewicht, welches alle okkupatorischen Wirtschaftsformen bei wachsender Bevölkerung kaum erhalten können. Die Standortfrage wurde zur Existenzfragen.

2. Begrenzte natürliche Nahrungsvorräte und begrenzter Aktionsradius von Mensch und Tier, Grenzen der Extension also, zwingen Menschengruppen früher oder später zu *exploitierenden Wirtschaftsformen* überzugehen. Die Stufe des Hackbaues, später des Pflugbaues, wird erreicht. Zum Ernteaufwand treten Urbarmachungs-, Anbau- und Pflegeaufwand hinzu. Aus bloßem Sammeln von Wildfrüchten wird nun Land*bau*. Erst jetzt kann man daher von Bauern sprechen.

Steppenumlagewirtschaft, Moorbrandwirtschaft oder Waldbrandwirtschaft sind solche bodenausbeutenden Wirtschaftsformen. Der Mensch greift tief in den Naturhaushalt ein, ohne
schon die Mittel zum Ausgleich zu besitzen. Auf wenige Jahre
fruchtbarkeitszehrenden Ackerbau muß deshalb viele Jahre
fruchtbarkeitsmehrende Gras-, Busch- oder Waldbrache folgen,
damit die Natur das ökologische Gleichgewicht wiederherstellt,
welches unvollkommene Menschenhand gestört oder zerstört
hat.

Man sage nicht, daß dies historische Reminiszenzen seien.
Shifting Cultivation wird noch heute von über 200 Mio Menschen auf über 30 Mio km^2 überwiegend gehandhabt. Man sage
auch nicht, daß dieses System seine Ursache in wirtschaftlichem
Unverstand einer der Kulturstufe des Neolithikums noch nahe-
stehenden Bevölkerung hätte. Solange die Besiedlung noch lok-
ker ist, arbeitet es sogar mit hoher ökonomischer Effizienz.
Durch die verschwenderische Nutzung großer, frei verfügbarer
Bodenflächen wird ein geringer Arbeitsaufwand, ein Verzicht
auf fast jeglichen Kapitaleinsatz und somit Minmalkostenkom-
bination erreicht.

Wachsende Bevölkerung aber führt zu einem verhängnisvol-
len Circulus vitiosus: Man braucht mehr Acker und verkürzt
dazu die Brachperiode. Kürzere Waldbrache führt zu unvoll-
kommener Regeneration der Bodenfruchtbarkeit. Absinkende
Felderträge haben eine weitere Ausdehnung des Ackerlandes
zulasten des Brachlandes zur Folge - und so fort. In einem solchen selbstzerstörerischen System verlagerte sich die Majakul-
tur vom Zentrum der Yukatan-Halbinsel immer weiter an die
Peripherie, bis sie, am Ozean angelangt, erlosch (*P. Gourou*: Les
Pays Tropicaux. Paris 1947).

3. Bei wachsender Bevölkerungsdichte reichen also schließlich
auch die exploitierenden Wirtschaftsformen in ihrer ernäh-
rungswirtschaftlichen Tragfähigkeit nicht mehr aus. *Kultivierende Formen der Bodennutzung* sind nunmehr erforderlich.

Die Standortfrage wird abermals differenzierter, Pflugbau erfordert pflugfähigen und somit gerodeten Boden. Nach dem
Prinzip des geringsten Aufwandes haben daher alle ackerbau-
treibenden Völker der Erde zunächst die baumlosen Steppen

und Prärien, das natürliche Grasland, in Kultur genommen. Es folgten Nadelwälder, die flach wurzeln und Brandrodung erlauben. Erst zum Schluß drang der permanente Ackerbau auch in Regionen tiefwurzelnder Laubwälder vor.

Als die von Osten kommenden Slawen Mecklenburg besiedelten, haben sie die ihnen näher liegenden Buchen- und Eichenwälder des Ostteils tatenlos durchzogen. Sie besiedelten zunächst den ferner liegenden Westteil des Landes, weil hier in den Nadelwäldern der Urbarmachungsaufwand geringer war. Auch konnten sie ihren hölzernen Hakenpflug auf den leichten Böden besser einsetzen.

So führen die verfügbaren Hilfsmittel des Landbaues zur Standortwahl. Malawi ist ein übervölkertes Agrarland und besitzt dennoch weite ungenutzte Bodenflächen. Diese sind nämlich so schwer, daß sie auf der derzeitigen Stufe des Hackbaues noch nicht bearbeitet werden können. Erst wenn später stärkere Energiequellen in Form von Zugtieren oder Schleppern zur Verfügung stehen, dürften auch diese Flächen Kulturland werden können.

Bisher war nur von Selbstversorgungswirtschaften die Rede. Da Städte und Märkte sich früher und stärker entwickeln als Infrastrukturen, erwächst für die marktorientierte Landwirtschaft in der *Bezugs- und Absatzlage* ein neues Standortproblem. Die alten Kulturzentren der Menschheit lagen nicht nur deshalb am Nil, in Mesopotamien, am Indus und Ganges, im Mekongdelta oder am Jangtsekiang, weil hier fruchtbare Alluvialböden ein natürliches Nährstoffnachlieferungsvermögen besitzen und die Bewässerungswirtschaft möglich ist, sondern auch deshalb, weil die Wasserfracht damals noch weit mehr als heute den billigsten Transport gewährleistete. In gleichem Maße wie die wachsende Bevölkerung ihre Siedlungsgebiete immer mehr in das Landesinnere vortreiben mußte, verschärfte sich das verkehrsgemäße Standortproblem. Als *J. H. von Thünens* „Der isolierte Staat" 1826 erstmalig erschien, standen das Dampfschiffahrts- (ab 1807) und Eisenbahnwesen (ab 1825) gerade in den allerersten Anfängen, und bis zum ersten Kraftfahrzeug (1886) mußten noch 60 Jahre vergehen. Sonst hätte *Thünens* Raumbild anders ausgesehen. Die konzentrischen Ringe wären einer mehr radialen Anordnung der Betriebsformen gewichen. In den dem Verkehr wenig erschlossenen Entwicklungsländern sind die Agrarbetriebe oft weniger eine Funktion der Marktentfernung als vielmehr durch die Entfernung der Hauptverkehrsadern geprägt.

Erst wenn sich mit wachsender volkswirtschaftlicher Entwicklung das Verkehrsnetz verdichtet und die Transporttarife sinken, wird der Landwirt gegenüber dem Standortfaktor äußere Verkehrslage wieder freier. Er kann sich dann um so besser den *natürlichen Standortbedingungen* anpassen. Durch die stark gestiegene Anzahl seiner Produktionsverfahren ist dies nun auch weit mehr nötig und weit besser möglich.

Schließlich führen weiteres Wirtschaftswachstum und eine Fülle technischer Fortschritte dazu, daß das Maß der Beherrschung der Naturkräfte mittels Be- und Entwässerung, Düngung, Pflanzenschutz, Adaption des genetischen Potentials von Pflanze und Tier usw. so weit steigen, daß der Landwirt auch gegenüber den natürlichen Standortfaktoren handlungsfreier wird. In hochentwickelten Industrieländern schlägt dann die *Persönlichkeit des Betriebsleiters* in einem vorher nie gekannten Maße auf den Betriebserfolg durch. Nicht Standorts-, sondern Persönlichkeitsprobleme stehen nun im Vordergrund.

In Abweichung von der Dreistufentheorie *Richard Krzymowskis* (Geschichte der deutschen Landwirtschaft. Stuttgart 1951) und den drei Entwicklungsverlaufsformen *Eduard Hahns* (Von der Hacke zum Pflug. Leipzig 1914), die alle durch Beispiele belegt werden können, dürfte die Evolution der Landwirtschaft deshalb im *Regelfall* so verlaufen:

Okkupieren	$\longrightarrow$	Exploitieren	$\longrightarrow$	Kultivieren
(Aneignung)		(Ausbeutung)		(Bodenpflege)

2.2 Entwicklungsstufen der Faktorenkombination

2.2.1 Der theoretische Ansatzpunkt: Das Grenzproduktivitätsprinzip

Die Grundlehren über die zweckmäßigste Minimalkostenkombination in der Landwirtschaft sind außerordentlich einfach.

Der Landwirt muß anstreben, seine Betriebsmittel so zu kombinieren, daß sich ein bestimmter Erzeugungsvorgang mit den geringsten Kosten durchführen läßt. Dazu sind die drei Produktionsfaktoren, Boden, Arbeit und Kapital, sowie die verschiedenen Kapitalgüterformen, in einem ganz bestimmten Mengenverhältnis einzusetzen, welches man als Minimalkostenkombination bezeichnet. Wo dieses Mengenverhältnis liegt, hängt von den Kosten dieser drei Produktionsfaktoren ab, und zwar aus folgenden Gründen:

Der Einsatz eines jeden Produktionsfaktors unterliegt dem Gesetz vom abnehmenden Grenzertrag. Verstärkt man beispielsweise den Kapitaleinsatz bei gleichbleibendem Boden- und Arbeitseinsatz, so werden die Ertragszuwachsraten, die jeder zusätzlichen Kapitalaufwendung gegenüberstehen, fortlaufend geringer. *Man darf den Kapitaleinsatz nur so weit steigern, bis Grenzertrag und Grenzaufwand sich decken*, d.h. nur so lange, wie die Kosten der letzten aufgewendeten Kapitaleinheit noch gerade durch den korrespondierenden Leistungszuwachs kompensiert werden. Das Gleiche ist richtig, wenn man bei gleichbleibendem Arbeits- und Kapitalaufwand den Bodenaufwand verstärkt oder wenn man bei gleichbleibendem Boden- und Kapitalaufwand den Arbeitsaufwand erhöht. Immer können wir beobachten, daß die Grenzproduktivität eines jeden Produktionsfaktors um so weiter sinkt, je stärker wir diesen Faktor im Vergleich zu den anderen einsetzen. Und immer haben wir anzustreben, den Einsatz eines jeden Produktionsfaktors gerade so weit zu treiben, daß seine Grenzproduktivität seinen Kosten entspricht. *Die Minimalkostenkombination ist dann erreicht, wenn die Grenzleistungen aller drei Produktionsfaktoren proportional ihren Grenzkosten sind.*

Daraus ergibt sich, daß c. p. teure Produktionsfaktoren, die also einer hohen Produktivität bedürfen, sparsam einzusetzen sind. Andererseits sollte man dem jeweils billigsten Produktionsfaktor das quantitative Übergewicht im Produktionsprozeß einräumen; denn da seine Kosten gering sind, kann auch seine Grenzproduktivität niedrig sein, d. h. man kann seinen Einsatz trotz der Wirkungen des Gesetzes vom abnehmenden Grenzertrag sehr weit steigern.

2.2.2 Die Minimalkostenkombination im Zuge der volkswirtschaftlichen Entwicklung

Aus der Grenzproduktivitätstheorie kann man nun die optimale produktive Kombination im Zuge der volkswirtschaftli-

Übersicht 4: Wandlungen der Faktorenkombination in der Landwirtschaft im Zuge der volkswirtschaftlichen Entwicklung

Stufe	Kennzeichnung	Boden	Arbeit	Kapital	Entwicklungsfolge
1	Dünnbesiedelte Agrarländer	+	+	−	
2	Beginnende Industrialisierung	+	−	−	Neue Welt
3	Industrialisierte Agrarländer	+	−	+	(1 → 4)
4	Industrieländer	−	−	+	
5	Agrar-Industrieländer	−	+	+	Alte Welt
6	Überbevölkerte Agrarländer	−	+	−	(6 → 4)

+ bedeutet hohen Mengeneinsatz des jeweiligen Produktionsfaktors

− bedeutet niedrigen Mengeneinsatz des jeweiligen Produktionsfaktors

Quelle: H.-H. Herlemann, Technisierungsstufen der Landwirtschaft. „Berichte über Landwirtschaft", Hamburg und Berlin, N. F. Bd. XXXII (1954), S. 335 ff.

chen Entwicklung direkt ableiten. Wir bedienen uns dazu eines Schemas von *H.-H. Herlemann* (1954), dessen Gedanken in diesem Abschnitt auch weitgehend gefolgt werden soll (vgl. Übersicht 4).

Die Stufen 1 und 6 kennzeichnen Agrarstaaten, also Entwicklungsländer, in denen eine volkswirtschaftliche Differenzierung von praktischer Bedeutung bisher nicht erfolgt ist. Die übrigen Stufen 2 bis 5 stellen das Ergebnis einer mehr oder weniger weit fortgeschrittenen Industrialisierung dar, die ja zumeist das Kennzeichen wirtschaftlicher Entwicklung ist.

Der Industrialisierungsprozeß aber zeigt zwei grundsätzlich verschiedene Verlaufsformen, je nachdem, ob er sich in ursprünglich dünnbesiedelten Ländern oder aber in Ländern mit hoher Bevölkerungsdichte vollzieht (s. Übersicht 5).

2.2.2.1 Die Entwicklung vom dünnbesiedelten Agrarstaat zum Industriestaat

Zunächst zu den Wandlungen der Minimalkostenkombination im Zuge der volkswirtschaftlichen Entwicklung in ursprünglich dünnbesiedelten Agrarstaaten, d. h. in Ländern mit weniger als etwa 60 Einwohnern je 100 ha LN (100 ha LN = 1 km²).

Dünnbesiedelte Agrarländer

Zu den *dünnbesiedelten Agrarländern* der Stufe 1 zählen z. B. der größte Teil Mittel- und Südamerikas und viele afrikanische Länder. Da Boden noch reichlich zur Verfügung steht, ist er billig. Auch die Arbeitskraft stellt sich zunächst billig, während alle von der Industrie bezogenen Kapitalgüter außerordentlich teuer sind. Infolgedessen kann man sowohl auf eine hohe Boden- als auch auf eine hohe Arbeitsproduktivität verzichten, muß dagegen auf eine hohe Kapitalproduktivität Wert legen. Folge ist, daß sehr bodenaufwendig gewirtschaftet wird und daß man an Kapitalgütern überall dort spart, wo die gewünschte Wirkung auch mittels verstärkten Arbeitseinsatzes erreicht werden kann. Die Wirtschaftsweise insgesamt muß als extensiv bezeichnet werden.

Übersicht 5: Entwicklung des Arbeitsaufwandes, der Boden- und der Arbeitsproduktivität in einigen landwirtschaftlichen Betriebszweigen der USA 1935/39 bis 1971/75 auf Farmbasis

Betriebszweig	Maßstab	1935/39	1955/59	1971/75	1971/75 in % 1935/39
Weizenbau	AKh/ha	22,0	9,5	7,3	33,2
	Ertrag dt/ha	9,0	15,3	24,8	276
	AKh/t	24,6	6,3	3,3	13,4
Körnermaisbau	AKh/ha	70,3	24,8	12,8	18,1
	Ertrag dt/ha	15,2	28,4	49,7	327
	AKh/t	42,5	7,9	2,4	5,6
Sojabohnenbau	AKh/ha	29,5	13,0	11,0	38,9
	Ertrag dt/ha	12,0	14,8	17,5	146
	AKh/t	25,2	9,1	6,3	25,0
Zuckerrübenbau	AKh/ha	248	127,5	72,5	28,6
	Ertrag dt/ha	306	459	525	172
	AKh/t	9,2	3,2	1,7	18,5
Kartoffelbau	AKh/ha	174,3	132,8	106,5	61,1
	Ertrag dt/ha	77	196	262	340
	AKh/t	22,0	6,6	4,4	20,0
Baumwollbau	AKh/ha	247,5	165,0	57,5	23,2
	Ertrag dt/ha	2,5	4,7	5,2	208
	AKh/Ballen	209	74	23	11,0
Milchproduktion	AKh/Kuh	148	109	58	39,2
	kg Milch/Kuh/J.	2000	2867	4591	230
Rindermast	AKh/100 kg	7,5	3,7	1,3	17,3
Schweinemast	AKh/100 kg	10,1	7,7	3,8	37,6
Broilermast	AKh/100 kg	7,7	5,8	2,2	28,6
	AKh/100 kg	18,7	2,9	0,7	3,7
Eierproduktion	AKh/100 Hennen	221	175	74	33,5
	Eier/Henne/J.	129	200	228	177
	AKh/100 Eier	1,7	0,9	0,3	17,6

Quelle: USDA: Agricultural Statistics. Washington, D.C., 1972 and 1976.

Beginnende Industrialisierung

Die Stufe 2 kennzeichnet die *beginnende Industrialisierung*. Boden ist zwar auch jetzt noch reichlich vorhanden; aber das Arbeitskräftepotential der Landwirtschaft wird infolge der Konkurrenz der Industrie geringer. Kapitalgüter sind jetzt weniger knapp. Die Folge dieser Knappheitsverhältnisse unter den Produktionsfaktoren ist, daß der Boden und die Arbeitskraft sich verteuern, während das Kapital billiger wird. Gegenüber der Stufe 1 muß also nunmehr die Arbeitsproduktivität erhöht werden, während an die Kapitalproduktivität geringere Anforderungen zu stellen sind. Der Arbeitseinsatz wird also durch verstärkten Kapitaleinsatz reduziert. Die Wirtschaftsweise als Ganzes ist nach wie vor als extensiv zu kennzeichnen.

Industrialisierte Agrarländer

Bei der 3. Entwicklungsstufe handelt es sich um *industrialisierte Agrarländer*, wie z. B. die USA. Der Boden ist zwar knapper geworden, aber immer noch relativ billig. Die Arbeit aber hat sich nun im Zuge des Industrialisierungsprozesses bedeutend verteuert und die Kapitalgüterpreise sowie die Zinsansprüche für das Kapital sind geringer geworden. Eine Folge davon ist, daß die Arbeitsproduktivität nochmals bedeutend gesteigert werden muß, während die Kapitalproduktivität weiter nachlassen darf. Dieser Forderung wird man dadurch gerecht, daß man arbeitsextensiver, aber kapitalintensiver wirtschaftet.

Die bisher skizzierte Wandlung in der Minimalkostenkombination der Landwirtschaft ist also „vorwiegend auf Erhöhung der Effizienz der menschlichen Arbeit gerichtet durch zunehmende Verwendung arbeitsparender und arbeitserleichternder Maschinen und Transporteinrichtungen (Mechanisierung). Mit ihrer Hilfe ist auch die Inkulturnahme neuer Flächen möglich. Träger des Fortschrittes in der landwirtschaftlichen Anbautechnik ist die Landmaschinenindustrie, deren Entwicklung durch die Größe der Betriebsflächen und die Einseitigkeit der Produktionsrichtung begünstigt wird. Die Flächenleistung der arbeitsextensiv betriebenen Landwirtschaft..." ist noch relativ gering. Die Landwirtschaft befindet sich in der *Mechanisierungsphase*.

Industrieländer

Zu den ausgesprochenen *Industrieländern* der Stufe 4 zählen z. B. England, die Bundesrepublik oder Japan. Infolge des sehr hohen Industrialisierungsgrades haben sich Boden und Arbeit noch mehr verknappt und verteuert, während die Kapitalgüter noch billiger geworden sind. Jetzt kommt es also darauf an, mit einer hohen Arbeits- eine hohe Bodenproduktivität zu verbinden, auch wenn dies nur mit einem ungewöhnlich hohen Kapitaleinsatz und damit sinkender Kapitalproduktivität erkauft werden kann. Erforderlich ist jetzt eine äußerst kapitalintensive Wirtschaftsweise.

Die Steigerung des Kapitaleinsatzes geschieht aber nun in anderen Formen. „Die Verbesserung der Kaufkraftrelationen zwischen landwirtschaftlichen Erzeugnissen und industriell gefertigten Betriebsmitteln erlaubt nunmehr eine zunehmende Verwendung *ertragssteigender Produktionsmittel* (Düngemittel, Pflanzenschutzmittel, Bewässerungswasser) in Verbindung mit leistungsfähigerem Saatgut, verbesserter Fruchtfolge, besserer Bodenbearbeitung, Saatenpflege usw. Neben der Landmaschinenindustrie, deren Bemühen sich nun in verstärktem Maße auf die Bereitstellung arbeits*verbessernder* Maschinen und Geräte (Drillmaschinen, Hackmaschinen, Düngerstreuer, Bodenbearbeitungsgeräte, Saatgutreinigungs- und Beizanlagen usw.) richtet, gewinnt die chemische Industrie (Düngemittel, Unkrautbekämpfungsmittel, Beizmittel, Impfstoffe, Konservierungsmittel usw.) zunehmende Bedeutung für die landwirtschaftliche Produktion" (H.-H. Herlemann 1954). Neben die Verwendung arbeitsparender Kapitalgüter ist also nunmehr infolge gestiegener Bodenpreise die Verwendung bodensparender Betriebsmittel getreten.

2.2.2.2 Die Entwicklung vom übervölkerten Agrarstaat zum Industriestaat

Im umgekehrter Stufenfolge hat sich der Kapitaleinsatz in der Landwirtschaft in den dichtbevölkerten Gebieten der Alten Welt gewandelt, wo mehr als etwa 60 Einwohner auf 100 ha LN entfallen. Hier waren zunächst bodensparende Kapitalgüter vordringlich, während die arbeitsparenden Betriebsmittel erst später Eingang fanden. *Die Intensivierungsphase geht hier also der Mechanisierungsphase voraus.*

Übervölkerte Agrarländer

Ausgangspunkt der Entwicklung ist also nunmehr der *übervölkerte Agrarstaat.* Zu diesen Ländern der Stufe 6 zählen z. B. Indien, China, Java und die dichtbesiedelten afrikanischen Länder, wie Marokko, Ägypten, Ghana, Nigeria, Uganda, Ruanda oder Burundi. Boden ist knapp und deshalb teuer, Arbeitskräfte sind reichlich vorhanden und infolgedessen billig, und Kapitalgüter sind wegen mangelnder Industrialisierung teuer. Das Ergebnis ist, daß man sich zwar mit einer geringen Arbeitsproduktivität zufriedengeben kann, die Boden- und Kapitalproduktivität dagegen hoch sein müssen. Diese Wirtschaftsziele werden durch eine kapitalextensive, aber arbeitsintensive, im ganzen mäßig intensive Wirtschaftsweise erreicht.

Die wirtschaftlichen Verhältnisse in diesen Ländern der Stufe 6 sind außerordentlich ungünstig, weil „das Ausbleiben oder im Verhältnis zum natürlichen Bevölkerungswachstum zu langsame Fortschreiten des Industrialisierungsprozesses eine zunehmende agrarische Überbevölkerung mit all ihren ungünstigen Auswirkungen auf die Arbeitsproduktivität und die Höhe des Lebensstandards zur Folge hat. Trotz hoher Arbeitsintensität und vorwiegend vegetabilischer Ernährungsweise vermögen die Erträge der heimischen Landwirtschaft nur eine minimale Kalorienversorgung der Bevölkerung zu gewährleisten. Hoher Geburtenüberschuß, starke Schwankungen der Ernteerträge und eine unzulängliche Importkapazität verschärfen die Versorgungsschwierigkeiten noch, die in periodisch auftretenden Hungersnöten und Epidemien zum Ausdruck kommen. Da die Versuche einer künstlichen Beschränkung der Geburtenzahl wenig Aussicht auf Erfolg haben und die Auswanderungsmöglichkeiten beschränkt sind, vermag nur eine planvolle, angesichts der eigenen Kapitalarmut auf die Mithilfe ausländischen Kapitals gestützte *Industrialisierungspolitik* eine endgültige Lösung zu

bringen. Dies besonders deshalb, weil eine zunehmende volkswirtschaftliche Arbeitsteilung nicht allein die Ertragsfähigkeit
der Landwirtschaft erhöht und neue produktive Arbeitsmög-
lichkeiten schafft, sondern trotz steigenden Volkswohlstandes
und Verlängerung der durchschnittlichen Lebensdauer eine Ver-
langsamung des natürlichen Bevölkerungswachstums zur Folge
hat." (*H.-H. Herlemann* 1954, S. 339). In den Ländern dieser
Stufe konzentriert sich das Welthungerproblem.

Agrar-Industrieländer

Das Einsetzen des Industrialisierungsprozesses führt zunächst zu den *Agrar-Industrieländern* der Stufe 5, zu denen viele
westeuropäische Industrieländer gehören. Die Bodenpreise sind
nach wie vor hoch, die Löhne steigen, aber die Kapitalgüterpreise sinken. Um diesen Kostenverhältnissen Rechnung zu tragen,
muß jetzt mit einer hohen Bodenproduktivität eine wachsende
Arbeitsproduktivität, wenn auch bei sinkender Kapitalproduktivität, verbunden werden. Man wirtschaftet also mit zunehmender Kapitalintensität und abnehmender Arbeitsintensität.

„Die bestehende Bodenknappheit bei immer noch ausrei-
chendem Angebot an Arbeitskräften läßt zunächst alle auf Erhöhung der *Bodenproduktivität* gerichteten Aufwendungen vordringlich erscheinen. Daraus erklärt sich zum Beispiel die füh-
rende Stellung Deutschlands bei der Entwicklung von Verfahren
zur synthetischen Mineraldüngergewinnung. Die auf verhältnismäßig hohem Arbeitsaufwand und zunehmendem Einsatz
ertragssteigender Produktionsmittel beruhende *Intensität* der
Landwirtschaft in den westeuropäischen Staaten kommt in relativ hohen Flächenerträgen, aber in einer im Vergleich zu den
industrialisierten Agrarländern in Übersee niedrigen Produktivität der landwirtschaftlichen Arbeit zum Ausdruck" (*H.-H.
Herlemann* 1954, S. 340).

Industrieländer

Erst „die mit fortschreitender volkswirtschaftlicher Arbeitsteilung verbundene Verknappung und Verteuerung landwirtschaftlicher Arbeitskräfte (s. Übersicht 6) zwingt schließlich

auch die Landwirtschaft dieser Staaten, die Arbeitsproduktivität durch stärkere *Mechanisierung* der Betriebe zu verbessern.
Diese Tendenz wird dadurch verstärkt, daß die ursprünglich
überwiegend den Großbetrieb begünstigende Landmaschinenindustrie in ihren Konstruktionen in zunehmendem Maße den
Bedürfnissen der in der Alten Welt vorherrschenden bäuerlichen
Familienwirtschaft Rechnung trägt (Elektromotor, luftbereifter
Allzweckschlepper, Vielfachgeräte, Geräteträger, Mechanisierung ganzer Arbeitsketten). Die Fortschritte der Landmaschi-
nentechnik lassen damit die Besorgnis grundlos erscheinen, daß
der wirtschaftlich unausweichliche Zwang zur Mechanisierung
das Ende der selbständigen bäuerlichen Familienbetriebe bedeute und daher notwendigerweise zum Kollektiv führen müsse.
In der *Mechanisierungsphase* (Übergang von Stufe 5 zu Stufe 4)
befinden sich heute die meisten Länder Westeuropas einschließlich der Agrarexportländer Dänemark und Holland." (*H.-H.
Herlemann* 1954, S. 340).

*Das Ziel der wirtschaftlichen Entwicklung ist also – gleichgül-
tig, ob der Ausgangspunkt bei übervölkerten oder dünnbesiedelten
Agrarländern lag – stets die Stufe 4, welche durch einen reichlichen Kapitaleinsatz zwecks Kombination hoher Boden- und Arbeitsproduktivität gekennzeichnet ist.*

2.2.3 Theorie und Wirtschaftswirklichkeit

*Differenzen der Minimalkostenkombination im gleichen Land
(Kölner Bucht / Bayerischer Wald)*

Wenn nun auch die Minimalkostenkombination eines jeden
Landes auf dem Wege zu besagtem Endzustand zu jeder Zeit ihr
charakteristisches Gepräge erhält, so kann man doch auch innerhalb des gleichen Landes noch wesentliche Unterschiede
feststellen. Unterschiede der äußeren und inneren Verkehrslage,
der Betriebsgrößen und der natürlichen Produktionsbedingungen sind die Ursache.

So arbeitet die Landwirtschaft in der Kölner Bucht mit einer
ganz anderen Betriebsmittelkombination als diejenige im Bayerischen Wald. Die Landwirtschaft der Kölner Bucht wird durch

Übersicht 6: Reallöhne für Landarbeiter in Westdeutschland 1913/14
bis 1979/80

| Im Jahre | konnte man mit dem Gegenwert von | |
| | 1 dt Weizen | 1 dt Zuckerrüben |
	folgende Anzahl Arbeitsstunden entlohnen	
1913/14	99	12
1937/38	42	7
1962/63	20	4
1972/73	6,2	1,1
1979/80	2,66	0,65

den fruchtbaren Boden und die Nähe des rheinischen Industrie-
gebietes geprägt. Der Industrie- und Bevölkerungsballungsraum treibt die Boden- und Pachtpreise in die Höhe und ebenso
das Lohnniveau. Es müssen also eine hohen Boden- und eine
hohe Arbeitsproduktivität angestrebt werden. Die Kapitalproduktivität dagegen kann mäßig sein, weil alle gewerblich hergestellten Betriebsmittel der Landwirtschaft in der Nähe ihrer Er-
zeugungsstätten billig sind. Den genannten Erfordernissen werden die Landwirte der Kölner Bucht dadurch gerecht, daß sie
einen äußerst hohen Aufwand an ertragssteigernden Betriebsmitteln und für Mechanisierung treiben, Boden und Arbeitskräfte dagegen sehr sparsam einsetzen (Übersicht 4, S. 37).

Ganz anders ist es im Bayerischen Wald. Die ungünstige äußere Verkehrslage verteuert den Einsatz gewerblich hergestellter
Betriebsmittel, so daß eine höhere Kapitalproduktivität als in
der Kölner Bucht angestrebt werden muß. In verkehrsentlege-
ner Lage und bei Mangel an Industrien sind aber die Kosten der
Bodennutzung niedrig und ebenso das Lohnniveau. Boden- und
Arbeitsproduktivität brauchen also nicht die gleiche Höhe wie
in der Kölner Bucht zu erreichen. Die Minimalkostenkombination ist hier dadurch gekennzeichnet, daß man relativ reichlich
Boden und Arbeitskräfte, aber wenig Kapital einsetzt. Im Vergleich zur Kölner Bucht muß die Wirtschaftsweise im Bayerischen Wald als extensiver, ganz besonders als kapitalextensiver
gelten.

Differenzen der Minimalkostenkombination zwischen Ländern
unterschiedlichen Industrialisierungsgrades (Zaire / Brasilien /
Argentinien / USA)

Stärkere Differenzen in der Minimalkostenkombination der
Landwirtschaft ergeben sich, wenn man Länder unterschiedlichen Industrialisierungsgrades vergleicht.

In der Übersicht 7 wird an Hand von repräsentativen Bei-
spielländern gezeigt, wie sich das Preisverhältnis der Produktionsfaktoren im Zuge des Industrialisierungsprozesses wandelt, wie die Landwirtschaft auf diese Wandlung durch Umkombination der Produktionsfaktoren reagiert und wie sich infolgedessen die Produktivität der Produktionsfaktoren entwickelt. In
den Zahlenspalten 1 bis 4 ist die Entwicklung vom dünnbesiedelten Agrarstaat zum Industriestaat aufgeführt. Die letzte Zah-
lenspalte (BRD) bleibt zunächst außer Betracht. Daß das Zah-
lengerüst veraltet ist, spielt für die Gewinnung grundsätzlicher
Erkenntnisse nur eine untergeordnete Rolle.

Die vier Länder Zaire, Brasilien, Argentinien und die USA
sind nach steigendem Industrialisierungsgrad geordnet. Dieser
wächst von 0,5 in Zaire bis auf 9,2 in den USA an. Der Anteil der
landwirtschaftlichen Erwerbstätigen an der Gesamtzahl fällt
von 85 auf 9% und der Anteil der Landwirtschaft am Bruttoin-
landsprodukt von 40 auf 4%. Das Pro-Kopf-Einkommen
wächst von 60 auf 2330 US-$ als Ausdruck der Produktivitäts-
entwicklung der gesamten Volkswirtschaften infolge der Industrialisierung.

Prüfen wir nun, wie sich das Preisverhältnis der Produktionsfaktoren in den vier Ländern abstuft und wie sich infolgedessen
das Mengenverhältnis beim Einsatz der Faktoren verschiebt.
Die Pacht steigt etwa auf das Doppelte, während sich die Löhne
fast verzwölffachen. Nach der Theorie muß hieraus eine rück-
läufige Arbeitsintensität resultieren. In der Tat nimmt der Einsatz von Vollarbeitskräften je 100 ha LN von Brasilien bis zu den
USA von 8,3 auf 1,3% ab.

Folge des Industrialisierungsprozesses ist weiterhin eine Verbilligung aller Kapitalgüter der Landwirtschaft. Wir können eine solche sowohl beim Mineraldünger als auch bei den Schlep-

Übersicht 7: Preis- und Mengenverhältnis sowie Produktivität der Produktionsfaktoren in der Landwirtschaft bei steigendem Industrialisierungsgrad

Land	Zaire	Brasilien	Argentinien	USA	BRD
Industrialisierungsfaktor [1])	0,5	0,9	1,5	9,2	9,5
Allgemeine Wirtschaftsindikatoren:					
Einwohner je 100 ha LN	29	51	14	53	503
Landw. Erwerbstätige in % der Gesamtzahl	85	57	25	9	4,3
Anteil d. Landw. am Bruttoinlandsprodukt in %	40	27	20	4	2,5
Pro-Kopf-Einkommen in US-$	60	310	508	2330	12300
Faktorpreise in GE:					
Pacht je ha LN	1,2	1,5	1,6	2,5	7,0
Monatslöhne (Indices)	1,9	4,2	7,9	22,0	5,4
100 Volldüngungseinheit. [3])	12,8	11,2	21,8	9,4	5,0
Schlepper (25–34 PS), Anzahl	995	879	726	336	236
Einsatzmengen der Faktoren:					
AK / 100 ha LN	–	8,3	1,0	1,3	6,9
dt RN [2]) / 100 ha LN	–	1,6	0,1	15,3	173,0
Schlepper / 100 ha LN	–	0	0,1	0,1	6,0
dt RN [2]) / 100 AK	–	19,0	9,0	1200,0	920,0
Schlepper / 100 AK	–	1,0	8,0	80,0	30,0
Netto-Produktivität der Faktoren (Dreijahresmittel):					
Boden, GE he ha LN	–	3,1	4,0	8,0	50,6
Arbeit, GE je AK	–	40,0	339,7	514,0	666,0

[1]) Wert der industriellen Produktion als Vielfaches desjenigen der landw. Produktion.
[2]) RN = Reinnährstoff.
[3]) 1 Volldüngungseinheit = 1 kg N + 1 kg P_2O_5 + 1,5 kg K_2O

pern feststellen. Folgerichtig ist die Steigerung des Kapitaleinsatzes. Da es sich bei unseren Beispielen um dünnbesiedelte Länder handelt, steht die Tatsache durchaus mit der Theorie in Einklang, daß zunächst je 100 ha LN bis zur Entwicklungsstufe Argentiniens der Einsatz des arbeitsparenden Schleppers wächst, während sich in der Folgeentwicklung der Zuwachs an verwendeten Kapitalgütern deutlich auf die bodensparenden Mineraldünger verschiebt.

Bezieht man den Kapitaleinsatz auf 100 in der Landwirtschaft tätige Vollarbeitskräfte, so wird dreierlei deutlich:
– *erstens*, daß der Kapitaleinsatz im Zuge der Entwicklung kräftig steigt, weil sich ja das Kapital verbilligt, aber die Arbeitskraft verteuert, und weil infolgedessen die Grenzproduktivität der Arbeit auf Kosten der des Kapitals sukzessive angehoben werden muß;
– *zweitens*, daß bis zur Entwicklungsstufe Argentiniens der Mineraldüngereinsatz verschwindend gering bleibt, der Schleppereinsatz sich aber vervielfacht, weil zwar noch reichlich Bodenflächen vorhanden sind, die Arbeitskräfte sich aber im Zuge der Industrialisierung mehr und mehr verknappen und verteuern und
– *drittens*, daß von der Entwicklungsstufe Argentiniens bis zu der der USA der Mineraldüngereinsatz weit mehr ansteigt als der der Schlepper, weil der Zwang zur Arbeitsersparnis zwar weiterhin besteht, es nun aber noch mehr darauf ankommt, durch ertragssteigernde Betriebsmittel an den teuer gewordenen Bodenflächen zu sparen.

Das Ergebnis dieser Umkombination der Produktionsfaktoren ist, daß die Nettobodenproduktivität sich von Brasilien über Argentinien bis zu den USA fast verdreifacht, während die Arbeitsproduktivität sich fast verdreizehnfacht. Produktivitätssteigerung ist eben das Kennzeichen industrieller Entwicklung und primäre Steigerung der *Arbeits*produktivität das Kennzeichen aller dünnbesiedelten Länder.

Differenzierungen der Minimalkostenkombination zwischen Ländern unterschiedlicher Bevölkerungsdichte (USA / BRD)

Nach der erläuterten Theorie ist die Minimalkostenkombination in der Landwirtschaft in hohem Maße vom Industrialisierungsgrad und von der Besiedlungsdichte abhängig. Letztere ist in den vier Ländern Zaire, Brasilien, Argentinien und USA nicht sehr unterschiedlich (29–53 Einw. je 100 ha LN), so daß die in der Übersicht 7 hervortretenden Unterschiede überwiegend dem von 0,5 bis 9,2 schwankenden Industrialisierungsfaktor zuzuschreiben sind. Will man dagegen den Einfluß der Besiedlungsdichte deutlich machen, so muß man Länder mit ähnlichem Industriealisierungsfaktor, aber großen Unterschieden in der Besiedlungsdichte in Vergleich stellen. Die Bundesrepublik Deutschland und die USA sind so ein Länderpaar (vgl. Übersicht 7, letzte beiden Zahlenspalten).

Die heutigen USA müssen nach der Übersicht 4, S. 37, als industriealisiertes Agrarland gelten. Sie haben sich aus einem ausgesprochen dünn besiedelten Agrarland entwickelt. Die heutige Bundesrepublik Deutschland hingegen ist als Industrieland anzusprechen (Übersicht 4, S. 37, Stufe 4) und hat sich aus einem übervölkerten Agrarland entwickelt. Die Stufenfolge des Kapitaleinsatzes hat sich in den beiden Ländern ganz im Sinne der Theorie vollzogen: In den dünnbesiedelten USA ging eindeutig die Mechanisierungsphase voraus und die Intensivierungsphase folgte erst auf einer nächsten Stufe. In der dichtbesiedelten Zone Mitteleuropas hingegen kam es zunächst auf Hektarertragssteigerungen, also auf die Intensivierung, an, der erst später mit stärkerer Verteuerung der Landarbeiter die Mechanisierungsphase folgte. Vollmotorisierung und Erntevollmechanisierung haben sich bei uns in der Masse der Betriebe erst in den 50er Jahren durchgesetzt.

Heute stehen sich in diesen beiden Ländern nach der Übersicht 7 die Kosten der beiden Produktionsfaktoren Arbeit und Boden diametral entgegen. Während in der Bundesrepublik die Pachtpreise fast dreimal so hoch sind wie in den USA, haben die Farmer mehr als viermal so hohe Löhne zu zahlen wie die westdeutschen Bauern.

Der äußerst geringe Arbeits- und im Vergleich dazu sehr hohe Sachaufwand der amerikanischen Landwirtschaft sind die logische Folge des absolut und relativ außerordentlich hohen amerikanischen Lohnniveaus und die Ursache der im Vergleich zu

Westdeutschland sehr hohen monetären Arbeitsproduktivität der US-amerikanischen Landwirtschaft.

Die Landwirte in der Bundesrepublik Deutschland müssen Bodenflächen im Vergleich zu Arbeit und Inventar viel sparsamer als die Farmer in den USA einsetzen, um einen genügend hohen Grenzertrag des Faktors Boden herauszuwirtschaften.

Die spezifisch amerikanische Wirtschaftsweise ist auf eine hohe Arbeits-, die spezifisch westdeutsche auf eine hohe Bodenproduktivität gerichtet. Diese Unterschiede in den Produktionsmethoden erweisen sich nach dem Minimalkostenprinzip als sinnvolle ökonomische Reaktion auf die länderspezifischen Preisverhältnisse, mit dem gleichen Ziel der Maximierung des Einkommens hier und dort. Wohl bemüht sich neuerdings die USA-Landwirtschaft unter Beibehaltung des Primates der Arbeitsproduktivität um eine Steigerung der Bodenproduktivität. Andererseits wird in Westdeutschland einer Verbesserung der Arbeitsproduktivität unter Aufrechterhaltung der Bodenproduktivität mehr und mehr Beachtung geschenkt. Die beiden Länder können sich aber in ihrer Minimalkostenkombination nicht schneller und nur in soweit annähern, wie sich die relativen Preise der Produktionsfaktoren in den Ländern angleichen. Nur diese Preisverschiebungen schaffen Raum für eine entsprechende Umkombination im quantitativen Einsatz von Boden, Arbeit und Kapital.

Differenzen der Minimalkostenkombination zwischen Ländern unterschiedlichen Industrialisierungsgrades und unterschiedlicher Bevölkerungsdichte (Thailand / USA)

Besonders drastische Unterschiede in der Minimalkostenkombination der Landwirtschaft müssen sich dann zeigen, wenn man zwei Länder gegenüberstellt, die sich nicht nur bezüglich des Industrialisierungsgrades, sondern auch bezüglich der Bevölkerungsdichte deutlich unterscheiden. Thailand und die USA sind so ein Länderpaar doppelter Unterschiede. In Thailand leben 254 Einwohner auf 100 ha LN, in den USA dagegen nur 53 (1980). Der Industrialisierungsfaktor Thailands beträgt 0,5, derjenige der USA aber 9,2. Thailand gehört den übervölkerten Agrarländern an, während die USA zu den dünnbesiedelten, aber stark industrialisierten Ländern zählen.

Wenn wir im folgenden die Produktionsverfahren im Reisbau dieser beiden Länder einander gegenüberstellen, so können wir erkennen, daß selbst der gleiche Betriebszweig drastischer Wandlungen in der Kombination der Produktionsfaktoren fähig ist[1].

Die auslösenden Preisverhältnisse unter den Produktionsfaktoren sind folgende: In Thailand ist Arbeit billig, während Boden und Kapital sich teuer stellen. In den USA ist die Arbeit teuer, während Boden und Kapital billig zur Verfügung stehen. Um die Minimalkostenkombination in der Landwirtschaft zu erreichen, muß Thailand also unter Einsatz von viel Arbeitskraft eine hohe Boden- und Kapitalproduktivität anstreben. In den USA dagegen kommt es in erster Linie auf eine hohe Arbeitsproduktivität an, die durch Aufwendung großer Bodenflächen/AK und durch einen hohen Kapitaleinsatz/AK zu erreichen ist.

Die Übersicht 8 zeigt nun außerordentlich interessante Unterschiede in den Produktionsverfahren des Reisanbaues beider Länder. Die Größe eines Familienbetriebes beträgt in Thailand nur 0,75 bis 4 ha LF, während sie im Reisbau der USA bei 75 bis 250 ha LF liegt. In Thailand wird der Reis bei reichlich vorhandener Arbeitskraft, aber knappen Bodenflächen und hohen Kapitalgüterpreisen als Hackfrucht, in den USA dagegen bei hohem Lohnniveau, aber reichlichen und billigen Bodenflächen und Kapitalgütern als Getreide kultiviert. Die Folge ist, daß ein Hektar Reis in Thailand einen Bedarf von 600 bis 1200 AKh besitzt, während in den USA 20 bis 30 Akh/ha genügen.

In Thailand kann eine Arbeitskraft am Tage mittels Grabstock und Hacke nur 0,05 ha bearbeiten. In den USA dagegen pflügt eine Arbeitskraft mit Schlepper 6,0 bis 7,5 ha/Tag. Die

---

[1] Um die extremsten Produktionsverfahren gegenüberstellen zu können, beschränken wir uns auf den kleineren Sektor Thailands, der noch auf der Stufe des Hackbaues steht. Der größere Teil des Landes, der bereits Pflugbau übt, zeigt in seinen Reisbauverfahren einen nicht ganz so großen Abstand von den USA.

Übersicht 8: Vergleich der Produktionsverfahren im Reisbau Thailands und der USA

Vorgang	Thailand (Hackbau-Regionen)	Kalifornien (Sacramento-Tal)
Klima	Wechselfeuchte Tropen	Sommertrockene bzw. -warme Subtropen
Preisverhältnisse unter den Produktionsfaktoren	Arbeit billig – Boden und Kapital teuer	Arbeit teuer – Boden und Kapital billig
Größe eines Familienbetriebes	0,75 bis 4,0 ha LF	75 bis 250 ha LF
Die Arbeitsverfahren entsprechen dem	Hackfruchtbau	Getreidebau
Arbeitsbedarf	600 bis 1200 AKh/ha	20 bis 30 AKh/ha
Bodenbearbeitung	mit Grabstock und Hacke 0,05 ha je AK und Tag	Schlepperpflügen 6,0 bis 7,5 ha je AK und Tag
Anbau	Anzucht der Pflanzen auf dem Saatbeet – Umpflanzen der Setzlinge	Flugzeugaussaat
Düngung und Pflanzenschutz	kaum angewendet	mit Flugzeug-Lohnunternehmern
Bewässerung	mittels Schöpfrädern und Göpel, die durch Wasserbüffel angetrieben werden	mittels großer Pumpanlagen und Dieselmotoren
Ernte	Rispen mit Messer abschneiden – Hocken- oder Gerüsttrocknung – Ausdrusch mit von Wasserbüffeln gezogenen Holzschlitten	Großmähdrescher, selbstfahrend, 10 km/Std., bis 6 m Schnittbreite, bis 100 dt/Std.

Begründung des Pflanzenbestandes erfolgt in Thailand dergestalt, daß Setzlinge auf dem Saatbeet angezogen und dann ein-
zeln auf das Feld gepflanzt werden. Im Reisbau Kaliforniens
dagegen ist die Aussaat mit Lohnflugzeugen üblich. Düngung
und Pflanzenschutz werden in Thailand kaum angewandt, während sie in den USA ebenfalls von Flugzeug-Lohnunternehmern
durchgeführt werden. Die Überstauung der Reisfelder erfolgt in
Thailand mittels Schöpfrädern und Göpel, die durch Wasser-
büffel angetrieben werden. In den USA dagegen pflegt man gigantische Pumpanlagen mit Dieselmotoren für die Bewässerung
einzusetzen.

Auch die Erntemethoden unterscheiden sich in beiden Ländern wesentlich. Während in Thailand die Rispen mit Sichel
oder Messer abgeschnitten, dann in Hocken oder auf Gerüsten
getrocknet und schließlich mit büffelbespannten Holzschlitten
ausgedroschen werden, setzen die USA selbstfahrende Groß-
mähdrescher ein.

Auch in vielen anderen Betriebszweigen kann man sich der
Wandlung der Faktorkosten im Zuge der volkswirtschaftlichen
Entwicklung durch Umkombination der Produktionsfaktoren
anpassen, um jeweils mit Minimalkosten zu produzieren. Ein
gutes weiteres Beispiel ist eine andere bedeutsame Bewässe-
rungspflanze, das *Zuckerrohr*, welches als mehrjährige Kulturpflanze an der Grenze zwischen Feldfrüchten und Dauerkulturen steht. Die Zuckerrohrkultur ist sowohl einer einjährigen als
auch einer mehrjährigen Nutzung zugänglich. Der höchste Hektarertrag wird erreicht, wenn man das Zuckerrohr nur einmal
erntet und sodann neu pflanzt. Dieses Verfahren ist allerdings
auch mit dem höchsten Arbeitsaufwand belastet, da die Pflanz-
arbeiten im Rahmen des Arbeitsaufwandes zur Zuckerrohrkultur besonders ins Gewicht fallen. Man kann das Zuckerrohr
aber auch sechsmal und noch öfter aus der Stoppel wieder aus-
schlagen lassen, so daß man von dem gleichen Pflanzenbestand
im Laufe einiger Jahre mehrere Schnitte nehmen kann. Der
Hektarertrag nimmt dann von Schnitt zu Schnitt ab. Gleichzeitig sinkt aber auch der Arbeitsaufwand, weil nur eine bestimmte
Quote der gesamten Zuckerrohrfläche jährlich neu gepflanzt
werden muß.

Welches Produktionsverfahren im Sinne der Minimalkostenkombination den Vorzug verdient, hängt nun wieder von den
Preisen der Produktionsfaktoren ab. Auf der außerordentlich
dicht besiedelten Insel Java ist die Arbeitskraft extrem billig, der
Boden aber teuer. Infolgedessen kommt es darauf an, eine möglichst hohe Bodenproduktivität zu erzielen, auch wenn das nur
zu Lasten der Arbeitsproduktivität geschehen kann. Also erntet
man das Zuckerrohr nur einmal und erzielt dadurch Ernten von
ca. 170 dt Zucker pro Hektar. Spitzenerträge sind 250 dt/ha. Die
Zuckerproduktion je Arbeitskraft aber ist dann relativ gering.

Auf Kuba dagegen, oder auch in Äthiopien, ist der Boden
billiger, die Arbeitskraft aber bereits teurer. Deshalb kommt es
darauf an, den Zuckerertrag je Arbeitskraft zu steigern, auch
wenn dann der Zuckerertrag je Hektar geringer ausfällt. In
Äthiopien wird bei einem Stundenlohn von immerhin schon 22
Dpf. das Rohr viermal geschnitten, das erste Mal 20 bis 22 Monate nach der Pflanzung der Stecklinge, und dann folgen noch
drei weitere Schnitte im Abstand von jeweils 18 Monaten. Der
Zuckerertrag je Arbeitskraft ist dann höher als auf Java; der
Zuckerertrag je Hektar beträgt aber nur knapp 120 dt gegenüber 170 dt auf Java.

2.2.4 Stufen der Verfahrenstechnik

Im Lichte der vorstehenden Wachstumstheorie werden nun
auch die grundlegenden Unterschiede in der Verfahrenstechnik
der Landwirtschaft im Vergleich der Weltagrarräume deutlicher
und überzeugender. Von der Vielzahl der Verfahrenstechniken,
die für die Landwirtschaft relevant sein können, sollen hier nur
die Arbeits- und die Bewässerungsverfahren beispielhaft und
gewissermaßen pars pro toto herausgegriffen werden, die erste-
ren wegen ihrer universellen Bedeutung und die letzteren wegen
ihres Nuancenreichtums. In beiden Fällen wird wieder versucht,
eine Stufenfolge im Zuge des Wirtschaftswachstums herauszu-
stellen.

2.2.4.1 Arbeitsverfahren

Die wesentlichen Unterschiede in der Verfahrenstechnik der Arbeitswirtschaft werden schon deutlich, wenn man in der Weltlandwirtschaft nur sechs Stufen der Arbeitsökonomie unterscheidet, nämlich

1. die Aneigungsstufe
2. die Handarbeitsstufe
3. die Spanntierstufe
4. die Schlepperstufe (einfache Geräte)
5. die Vollmotorisierungs- und -mechanisierungsstufe (Vollerntegeräte)
6. die Automatisierungsstufe

In den Entwicklungsländern haben wir es vorerst fast ausschließlich nur mit den ersten vier Stufen zu tun. In der Übersicht 9 sind weniger diese vier Arbeitsverfahren selbst gekennzeichnet als vielmehr die Betriebsformen, in denen sie vornehmlich beheimatet sind.

Die obige Sechsstufenfolge ist primär eine Ordnung nach den wichtigsten *Energiequellen*. Auf den ersten beiden Stufen gewinnt man die Energie aus Nahrungsgütern des Menschen, welche – im Vergleich zum Spanntierfutter – einen relativ hohen Konzentrationsgrad und Eiweißgehalt besitzen müssen und in vielen Entwicklungsländern unzureichend zur Verfügung stehen. Auf der *Aneignungsstufe* wird die Energie von Jägern, Sammlern und Hirten hauptsächlich für die Überwindung großer Entfernungen, also für die Betätigung des Bewegungsapparates benötigt. Auf der Handarbeitsstufe, wo vor allem Bodenbearbeitung und zum Teil auch Ernten große Anstrengungen erfordern, kommt es zuvörderst auf die Muskelkraft des Armes an.

Die *Handarbeitsstufe* (*Hackbau, Hackkultur*) ist in Entwicklungsländern noch weit stärker verbreitet als man zunächt geneigt ist, anzunehmen. Wir wissen, daß der Wanderhackbau mit Brandkultur, das System Shifting Cultivation, noch keine Zugtiere kennt. In Mali (Sahelzone) stehen noch etwa drei Viertel der bäuerlichen Betriebe auf der Handarbeitsstufe. In Malawi wird bislang fast ausschließlich Hackbau betrieben. Mancher-

Übersicht 9: Arbeitsverfahren und Energiequellen im Landbau der Tropen – Vierstufenfolge der Verfahrenstechnik im Wirtschaftswachstum

	Zunehmende volkswirtschaftliche Entwicklung ⟶			
Merkmale	Aneignungs-stufe	Handarbeits-stufe	Spanntier-stufe	Schlepper-stufe
Beispiele	Buschmänner, Eskimos, Indios in ·Amazonien	Waldbrandw., Hackbauw.	Reisbetr. Ostasiens, Kleinfarm, Kleinpflanzung	Großfarm Großplantage
Betriebs-größe	noch keine Farmen	klein	mittel	groß
Arbeits-potential	Familie	Familie	Familie	Lohn-AK
Anbau	entfällt, nur Ernte	mehr- bis vielseitig	mehr- bis vielseitig	mehrseitig, z.T. einseitig
Produktion	Nahrungsgüter, kaum Markt-kontakt	Nahrungsgüter	Nahrungsgüter, Rohstoffe	Rohstoffe, (Nahrungs-güter)
Verfahrens-technik	Pfeil und Bogen, Netze	Handgeräte	Spanntier-geräte	Maschinen, Aufberei-tungsanlagen
Kapital-einsatz	minimal	kaum	gering	groß bis sehr groß
Wirt-schafts-motiv	Selbsterhaltung	Selbsterhaltung	Auskommen	Gewinn
Typ. Betriebs-zweige (Beispiele)	Wildrüchte, Knollen, Fische, Honig, Wildkaffee, Wildkautschuk	Mango, Kokos, Maniok, Yam, Bataten, Hirse, Mais, Gemüse, Milch, Rindfl.	Reis, Mais, Hirse, Bohnen, Nug, Teff, Baumwolle, Tabak, Erdnuß	Sisal, Tee, Z.-Rohr Ranch, Pyre-thrum. Mais, Weizen, Gerste

orts hält man selbst dann noch an der Handarbeitsstufe fest, wenn Spanntiere durchaus schon ökonomisch sinnvoll wären. Da es in den Ackerbauzonen Malawis so gut wie gar kein Rindvieh gibt, macht der Übergang zur Spanntierstufe schon deshalb erhebliche Schwierigkeiten, weil noch keinerlei Erfahrung im Umgang mit Rindern oder Büffeln besteht.

Der *Übergang zur Spanntierstufe* bringt große Arbeitserleichterung, hat aber auch einen beträchtlichen arbeitssparenden Effekt. Diese Arbeitseinsparung schlägt sich nur selten in einem geringeren Arbeitseinsatz der bäuerlichen Familien nieder. Vielmehr wird sie zumeist zu einer äußeren oder inneren Betriebsaufstockung genutzt. Die äußere Betriebsaufstockung (Flächenausdehnung) ist in bodenreichen Regionen möglich, weil hier die Boden- und Pachtpreise noch relativ niedrig sind.

Die innere Betriebsaufstockung (Intensivierung) dagegen ist in bodenarmen Regionen mit hohen Kosten der Bodennutzung der angezeigte Weg. Die Hauptarbeitsspitzen, welche äußere wie auch innere Betriebsaufstockung begrenzen, liegen im allgemeinen im Hackbaubetrieb in der Bodenbearbeitung, bei Ochsenanspannung mit einfacher Ausrüstung (nur Pflug und Ochsenkarren) in den dann noch nicht mechanisierbaren Pflegearbeiten und bei Vorhandensein eines kompletten Gerätesatzes in den Erntezeitspannen.

Übersicht 10: Wandlungen der Zugkraftstruktur der Landwirtschaft im Zuge der volkswirtschaftlichen Entwicklung

Region bzw. Land	In % des total. Zugkrafteinsatzes	
	tierische Zugkraft	motorische Zugkraft
Ferner Osten (ohne China)	99	1
Indien	99	1
Brasilien	89	11
Naher Osten	88	12
Afrika	82	18
Lateinamerika	75	25
Griechenland	69	31
Argentinien	54	46
Spanien	51	49
Italien	34	66

Quelle: Reid, J.T. und *O.D. White:* The role of the world's available animals. Cornell University, Ithaca, New York, USA, O.J.

In den meisten Entwicklungsländern dominiert die Spanntierstufe weitaus gegenüber den motorisierten Stufen 4. bis 6.,
wie die Übers. 10 zeigt. Zugtiere sind hier die billigsten Energiequellen, vor allem die Wiederkäuer Rind und Büffel. Diese begnügen sich nämlich mit rohfaserreichen, eiweißarmen Futterstoffen und erfordern weitgehend keinen Futterbau (primäre
Futterpflanzen), der den Nährfruchtbau flächenmäßig einengen
würde. Vielmehr können sie zum großen Teil auf der Basis sekundärer Futterpflanzen (Nebenerzeugnisse des Nähr- bzw.
Marktfruchtbaues) ode sogar tertiärer Futterpflanzen (Agronomische und aquatische Unkräuter wie zum Beispiel an Wegrän-
dern, in den Reisfeldern Südostasiens etc.) gehalten werden.

    J. Steinbach (1980, S. 40 f.) nennt eine ganze Reihe energie-
und proteinreicher *sekundärer Futterstoffe der Tropen*:

– *Melasse* als Nebenprodukt der Rohrzuckerfabriken, die sich
  an Rinder verfüttern läßt;
– *Zuckerrohrblätter*, die ausreichen für die Erhaltung von Rin-
  dern und eine Tagesleistung von 2 kg Milch oder 250 g Zu-
  wachs;
– *Reisbau* liefert ca. 2 t/ha Stroh, genug, um ein Rind zu füttern;
– *Reismühlennachprodukte* (Kleie, Futtermehl) können in der
  Futterration von Rindern bis zu 75% ausmachen;
– *Maisbau* liefert etwa 6 t/ha Stroh und etwa 0,5 t/ha entkernte
  Kolben; Hirse rund 3 t/ha Stroh;
– *Erdnußheu und Erdnußölkuchen* sind beliebte Futterstoffe;
– *Bei Maniok* rechnet man mit etwa 40 t/ha Wurzelmasse und
  10–15 t/ha oberirdischer Pflanzenmasse. Die Schalen der
  Wurzeln sind ein energie-, die Blattmassen ein energie- und
  proteinreiches Futtermittel. Sie können im Schweinefutter
  40–60% der Maisration ersetzen, ohne daß die Zuwachsra-
  ten sinken;
– *Orangenmark* kann bei Milchkühen bis zu zwei Drittel des
  Maisschrotes substituieren;
– *Ananaskulturen* erzeugen bis zu 150 t/ha Blattmassen mit nur
  24% Rohfaser. Sie können frisch, siliert oder getrocknet an
  Wiederkäuer verfüttert werden und
– *Kakaoschotenmehl* ist für Milchkühe und Schweine geeignet.

Alle diese Futternebenprodukte des Nährfruchtbaues belasten nur mit geringen Nutzungskosten (Opportunity Costs). Diese belaufen sich lediglich auf Transport und Aufbereitung der ohne das Arbeits- oder Nutztier überhaupt nicht erschließbaren pflanzlichen Energie. Ein Ochsengespann läßt sich also in vielen Agrarregionen der Tropen sehr billig füttern und Stallungen braucht man kaum. Bei der weit verbreiteten ländlichen Unterbeschäftigung in der Dritten Welt sind auch die Nutzungskosten der Mehrarbeit des Ochsengespannes im Vergleich zum Schlepper sehr gering. Insgesamt arbeitet ein Ochsengespann in den Tropen so billig, gemessen an den Schlepperkosten, daß der Übergang von der Spanntier- zur Schlepperstufe zumeist verfehlter Technologietransfer wäre. Er ist auch Energieverschwendung.

Die *Schlepperstufe* und jede Form der Motorisierung (die Stufen 4. bis 6.) sind auf teure Zukaufsenergie (Treibstoffe, elektrischer Strom etc.) angewiesen und lassen andererseits manche absoluten Futterstoffe für die Energiewirtschaft ungenutzt. Dieses wirkt stark kostensteigend. Die Übers. 11 zeigt, daß im Hir-

Übersicht 11: Spanntier- und Schlepperstufe im Kostenvergleich (Mali; Hirseanbau)

Operation	Ochsenanspannung FM/ha[1]	Gespann-std./ha	Motorisierung FM/ha	Sh/ha
Pflügen	3 250	18	12 700	6,2
Unkrauthacke (1 Durchgang)	2 050	9	4 200	2
Häufeln	2 050	9	5 200	2,5
Gesamt ohne Lohn	7 350	36	22 100	10,7
Gesamt mit Lohn[2]	10 500 (1,5 AK)		22 700 (1 AK)	
[1] 1 DM = 230 Francsmaliens (FM)			[2] 500 FM/Tag	

Quelle: Gerner-Haug, I.: Ochsenanspannung in Mali. Entwicklung und ländlicher Raum, Frankfurt/M., Jg. 15 (1981), H. 2, S. 23.

sebau von Mali die Motorisierung unter Einschluß der Lohnkosten mehr als doppelt so teuer ist als die Ochsenanspannung.
Geht man davon aus, daß die durch den Schlepper eingesparte
Arbeitszeit keine anderweitige produktive Verwendung findet –
diese Annahme dürfte in sehr vielen Fällen realistisch sein – und
deshalb der Motorisierung kaum gutgeschrieben werden kann,
so ist ein Kostenvergleich ohne Lohnansatz aussagekräftiger (s.
Übersicht 11). Dann arbeitet der Schlepper sogar dreimal so
teuer wie die Zugochsen. Eine drastische Auswirkung auf die
wirtschaftlichen Ergebnisse des Gesamtbetriebes ist dann unausweichlich. In Mali sind die Schlepperbetriebe den Spanntier-
betrieben im Roheinkommen, bezüglich der Kapitaldienstgren-
ze und in der Eigenkapitalbildung um etwa 40% unterlegen (*1.
Gerner-Haug* 1981, S. 23).

Wo sich in Entwicklungsländern überhaupt motorisierte Arbeitsverfahren durchgesetzt haben, handelt es sich entweder um
Großfarmen und -plantagen oder um bäuerlich strukturierte
Regionen, die über den Hackbau hinausgewachsen sind, in denen aber die Spanntierstufe schwer durchsetzbar ist. Der Hin-
dernisse und Hemmnisse gibt es viele, sei es aus Gründen des
Know-how (vgl. das obige Beispiel Malawis), sei es aus veteri-
närhygienischen Gründen (Tsetsefliegen-Verbreitung u. a.) sei es
aus Futtermangel in mit Kleinstbetrieben sehr dicht besiedelten
Agrarlandschaften. In diesen Sonderfällen ist mit dem Kalkül
zu prüfen, ob nicht die schwersten Arbeiten einem *überbetrieblichen Schleppereinsatz* übertragen werden sollten, bei prinzipieller Beibehaltung der Handarbeitsstufe. Bei Weglassung der
Spanntierstufe wäre dann eine Kombination der Stufen 2. und
4. verwirklicht. Die Abbildung 5 zeigt wichtige Formen der
überbetrieblichen Maschinenverwendung.

In den Industrieländern ist der Wettbewerb zwischen Spann-
tier- und Schlepperstufe natürlich völlig anders zu beurteilen,
weil das hohe Lohnniveau die tierische Anspannung benachtei-
ligt und das billige Kapital den Schleppereinsatz wie auch die
Stufen 5. und 6. fördert. Viele Industrieländer sind in den letzten
Jahrzehnten zur *Vollmotorisierund und -mechanisierung* überge-
gangen, und in einzelnen Ländern und landwirtschaftlichen Ar-
beitsbereichen beginnt sich die *Automatisierung* durchzusetzen.

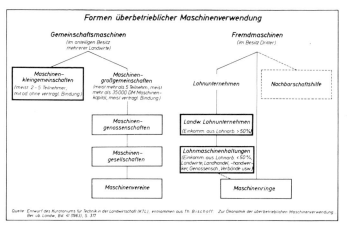

Abb. 5

Man verwendet nicht zu *viel* Aufmerksamkeit auf die Produk-
tionsprogramme, aber zu *wenig* auf die Produktionsverfahren.

Hackkultur oder Pflugkultur, Spanntier oder Schlepper? Ganze Kulturstufen der Menschheit kann man durch diese Technologien zeichnen. Die Landwirtschaft vieler Agrarstaaten arbeitet bislang fast nur mit den beiden Produktionsfaktoren Arbeit
und Boden. Sie steht noch auf der Stufe der Hackkultur. Diese
soll hier und da von vorwärtsstürmenden Entwicklungshelfern
in einem großen Schwung durch die Schlepperstufe abgelöst
werden.

Vielerorts ist das richtig, z. B. dann, wenn mittels größerer
Schlagkraft der Trockenfeldbau in Gebiete noch kürzerer Regenzeit vorgetrieben werden kann. Es ist auch richtig, wenn es
sich um sehr schwere tropische Rotlehme handelt, die ohne
Schlepper Unland bleiben müßten. Solche Verhältnisse sind z. B.
in manchen Regionen Malawis gegeben. *In der Regel aber ist
eine voreilige Motorisierung der Zugkraft falsch. Der Hackkultur
muß zunächst die Ochsenanspannung und dann später erst der
Schlepper folgen. Denn auf niederen volkswirtschaftlichen Entwicklungsstufen ist das Spanntier weit billiger als der Schlepper,*

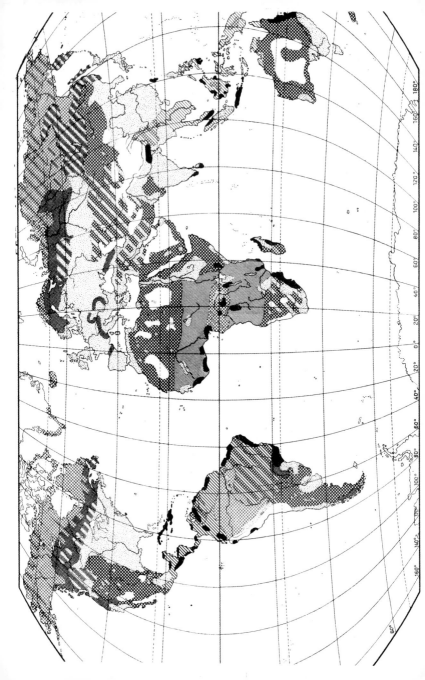

Abb. 6 Wirtschaftsformen im primären Produktionssektor der Gegenwart (nach H. Hambloch 1982). Mit freundlicher Genehmigung von Autor und Verlag nachgebildet aus: H. Hambloch, Allgemeine Anthropogeographie, 5., neubearb. Aufl. (Erdkundliches Wissen, H. 15). Franz Steiner Verlag, Wiesbaden 1982, Abb. 27 im Anhang

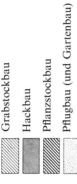

Jagd, Fischerei und Sammelwirtschaft

Viehwirtschaft

Forstwirtschaft

Grabstockbau

Hackbau

Pflanzstockbau

Pflugbau (und Gartenbau)

Plantagenwirtschaft

Unproduktiv

weil sich die Nutzungskosten des Gespannführers und des Futters dem Nullwert nähern und Gebäude kaum erforderlich sind.

Besondere Aufmerksamkeit verdienen auch die *Aufbereitungsanlagen*, ohne die die Produkte von Sisal, Zuckerrohr, Tee, Kaffee, Ölpalmen, Kokospalmen usw. entweder gar nicht erzeugt oder jedenfalls nicht exportiert werden können.

Hier müssen die Lebensdauer der Fabriken und die mutmaßliche volkswirtschaftliche Entwicklung in das Kalkül einbezogen werden. Unsere Anstrengungen, alles im Zuge der volkswirtschaftlichen Entwicklung zu sehen, gelten also auch hier. Im übrigen wird auch an diesem Beispiel deutlich, wie sehr Betriebsforschung und Regionalforschung, Betriebsplanung und Regionalplanung, Betriebsentwicklung und Regionalentwicklung eine unverzichtbare Einheit bilden müssen.

Ein Beispiel hierfür unter vielen sind die Wandlungen der Verfahrenstechnik bei der Ölgewinnung im Wirtschaftswachstum. Auf dem Wege von einfachen primitiven Handpressen bis zu kapitalintensiven Ölmühlen ergeben sich eine Fülle von Wirkungszusammenhängen im Hinblick auf Standort und Formen des Ölfruchtbaues, auf die Größe der Zulieferbetriebe, auf die Untenehmensformen, auf die Arbeitsteilung zwischen Agrar- und Industrieländer usw.

Es ist gelungen, die wichtigsten Verfahrenstechniken der Landwirtschaft zu regionalisieren. Wir verdanken *Hermann Hambloch* eine sehr aufschlußreiche Weltkarte, welche die Vielfalt der Erscheinungsformen der rauhen Wirklichkeit auf wenige, klare Grundlinien zurückführt (Abb. 6). Später hat er diese Karte verfeinert und dabei auch verschiedene Kulturräume mit ihren Arbeitsverfahren herausgestellt. Diese Kartenskizze *H. Hambloch*'s, welche die Wirtschaftsformationen wiedergibt, ist mit freundlicher Genehmigung von Autor und Verlag in der Abb. 32, S. 134, nachgebildet.

2.2.4.2 Bewässerungsverfahren

Während die Erschließung von Nahrungsreserven in der ersten Hälfte unseres Jahrhunderts vornehmlich durch die Verstärkung der Mineraldüngung gelang, hat sich das Schwergewicht in der zweiten Hälfte des Jahrhunderts zur Entwicklung der Bewässerungswirtschaft hin verschoben. Ihre regionalen Schwerpunkte liegen in den äußeren Tropen und den Subtropen, ihre Wirkungsschwerpunkte einmal in der Ertragssteigerung alter und zum anderen in der Erschließung neuer Anbauregionen.

Die äquatorfernen Tropen und Subtropen versprechen deshalb einen besonders hohen Nutzeffekt der künstlichen Bewässerung, weil hier nur spärliche oder doch streng periodische Niederschläge fallen. Bei Ergänzung durch künstliche Wasserzufuhr lassen sie wegen der günstigen Wärmeverhältnisse mehrere Ernten pro Jahr oder sogar ganzjährige Pflanzenproduktion zu.

Gerade in diesen Trockenklimaten aber ist das Wasser besonders knapp (und entsprechend teuer), weil die Regenmenge dürftig ausfällt, Flüsse und Seen weitgehend fehlen und das Grundwasser tief ansteht. *Dort also, wo die Bewässerung den höchsten Nutzeffekt verspricht, ist die Wasserfrage am prekärsten.* Für die Bewässerung am geeignetsten sind deshalb diejenigen Trockengebiete, die in der Nähe wasserspeichernder Hochgebirge (Anden, ostafrikanisches Hochland, Kaukasus, Elbrusgebirge usw.) liegen oder die durch mächtige, ganzjährig wasserführende Stromsysteme (Nil, Euphrat, Tigris, Indus, Ganges, Colorado usw.) mit solchen Hochgebirgen oder auch mit feuchttropischen Regionen verbunden sind (s. Abb. 7).

Die Diskrepanz zwischen Wasserbedarf und Wasservorräten wächst auch im Zuge der volkswirtschaftlichen Entwicklung. Die Ursache liegt nicht nur und nicht einmal in erster Linie in dem zunehmenden Wasserbedarf des Agrarsektors, sondern mehr noch in den rasch wachsenden Wasseransprüchen anderer Wirtschaftszweige und der Wohnbevölkerung.

Man unterscheidet heute folgende Bewässerungsverfahren (W. Achtnich 1981, S. 10):
1. *Stauverfahren*
   a) Flächenüberstau
   b) Beckenbewässerung
   c) Furcheneinstau
2. *Rieselverfahren*
   a) Landstreifenbewässerung
   b) Furchenrieselung

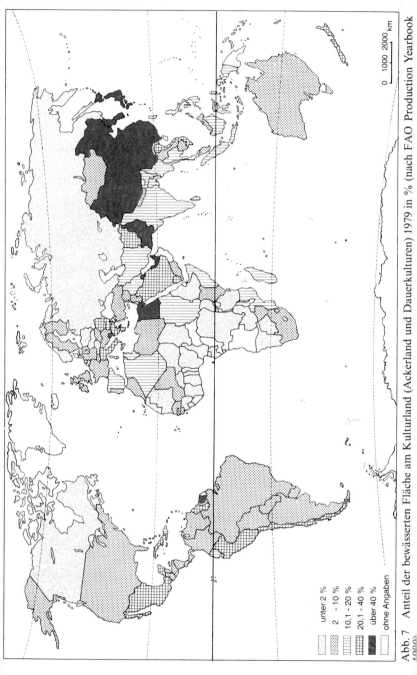

	unter 2 %
	2 – 10 %
	10,1 – 20 %
	20,1 – 40 %
	über 40 %
	ohne Angaben

Abb. 7 Anteil der bewässerten Fläche am Kulturland (Ackerland und Dauerkulturen) 1979 in % (nach FAO Production Yearbook 1980)

3. *Unterflurbewässerung*
4. *Tropfbewässerung*
5. *Beregnung*

Bei den *Stauverfahren* soll das Wasser nach Überflutung zum Stillstand kommen, so daß Einebnung der Felder erforderlich ist (vgl. die Reis-Sawahs in Ostasien). Eine besonders interessante, einfache, geringer technischer Entwicklung adäquate Form des Überstaues im Trockenklima ist zum Beispiel das „Molapo Farming" im Shorobe-Gebiet Botswanas (s. Abb. 8). Es gelingt hier, nicht nur den Regen, sondern auch das Wasser der Okawango-Sümpfe für die Feldfrüchte nutzbar zu machen, indem man den Verzögerungseffekt der Sümpfe in die Betriebsplanung einbezieht. Im unteren Teil des Deltas steigt das Wasser erst während der den Niederschlägen folgenden Trockenzeit und flutet die Molapos (moist fields). Gegen Ende des Winters fallen zunächst die höher gelegenen Molapos trocken und können bestellt werden. Die Bodenfeuchtigkeit ermöglicht den Samen, zu keimen, bevor die Regenzeit einsetzt. Im allgemeinen erfolgt die

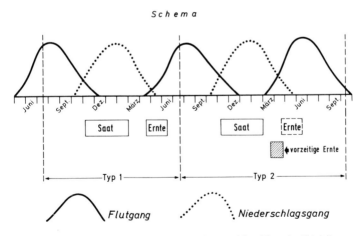

S c h e m a

Quelle: K l i m m, E.: Ngamiland. Geographische Voraussetzungen und Perspektiven seiner Wirtschaft. Kölner Geograph. Arb., H.C Köln 1974, S.145.

Abb. 8   Molapo Farming in Ngamiland, Botswana

Aussaat von Dezember bis Februar und die Ernte von Mai bis Juni, ehe die Molapos wieder inundiert werden. In der Abbildung 8 stellt der Typ 1 den Normaltyp dar. Der Typ 2 dagegen bildet eine Ausnahme: Das Wasser steigt bereits im Mai und Juni so schnell, daß die Felder überschwemmt werden. Dann können auf den am tiefsten gelegenen Feldern die Früchte nicht mehr ausreifen. Gerade hier, wo die Inundation zuerst auftritt, erfolgte die Aussaat ja zuerst, also am frühesten.

Bei den *Rieselverfahren* dagegen fließt das Wasser in 1–3 cm Schichtdicke bei mäßiger Geschwindigkeit über Flächen oder durch Furchen. Leicht geneigtes Gelände ist daher erwünscht. Der hohe Wasserverbrauch ist ein gravierender Nachteil.

Die *Unterflurbewässerung* wird am kürzesten als „Umgekehrte Drainage" gekennzeichnet. Sie ist nur auf ganz bestimmten Standorten zu empfehlen.

Die *Beregnung* zeichnet sich durch eine hohe Wasserproduktivität aus. In Italien erfordert sie nur die Hälfte, in Ausnahmefällen sogar nur ein Fünftel der Wassermenge anderer Verfahren. *Beregnung ist allerdings erst auf höheren wirtschaftlichen Entwicklungsstufen einsetzbar, weil sie einen hohen Kapital-, wenn auch geringen Arbeitsaufwand im Vergleich zu den Stau- und Rieselverfahren erfordert. Ein zweiter kostenwirtschaftlicher Unterschied liegt darin, daß bei der Beregnung die variablen, bei Stau und Rieselung die fixen Kosten höher sind.* Die letzteren eignen sich daher besser für die regelmäßige Zufuhr großer, die Beregnung mehr für gelegentliche (Dürreperioden) Zufuhr kleiner Wassermengen, d. h. zum Risikoausgleich. Die wassersparende Wirkung der Beregnung ist also nur unter bestimmten ökonomischen und ökologischen Voraussetzungen realisierbar.

Die *Tropfbewässerung* geht bezüglich Wasserersparnis noch über die Beregnung hinaus, weil sie das Wasser unterirdisch direkt in den Wurzelbereich der Pflanzen führt. Die hierdurch vermiedenen Verdunstungsverluste fallen besonders in Trockenregionen ins Gewicht. Auch die Versalzungsschäden sind bei der Tropfbewässerung die geringsten aller Bewässerungsverfahren.

Zur Zeit sind in der Weltlandwirtschaft, besonders in den Entwicklungsländern, die verschiedenen Stau- und Rieselverfahren noch dominierend. Aus der geschilderten verfahrensspezifischen

Kostenstruktur geht aber hervor, daß Beregnung und Tropfbewässerung im Zuge der Wirtschaftsentwicklung vieler Länder an Bedeutung gewinnen müssen. Da sich im Wirtschaftswachstum die Arbeit verteuert, das Kapital aber verbilligt, muß die Landwirtschaft in allen Bereichen bemüht sein, Arbeit durch Kapital zu substituieren. Diesen Substitutionsprozeß kann man sich in einer Bewässerungsregion beispielsweise in nachstehender Stufenfolge vorstellen:

1. Offenes Grabensystem; Wasserförderung mittels Treträder oder Göpel; sehr hoher Arbeits-, sehr geringer Sachaufwand.

2. Offenes Grabensystem; Wasserförderung mittels schwacher Pumpe, die zwar nur geringen Sachaufwand verursacht, aber wegen langer Bewässerungszeiten hohe Lohnkosten bewirkt.

3. Offenes Grabensystem; Verstärkung des Pumpenaggregates, um mittels höherer Kapitalaufwendungen die Bewässerungszeiten zu verkürzen und dadurch an Lohnkosten zu sparen.

4. Immer noch offenes Grabensystem; Anlage eines Wasserspeichers, um trotz schwacher Pumpen zu kurzen Bewässerungszeiten zu gelangen.

5. Die Hauptzuleitungsgräben werden durch Untergrundkanäle ersetzt; diese Investition erspart beträchtlichen Lohnaufwand, weil Grabenräumungsarbeiten und Dammbruchgefahren fortfallen und weniger Aufsicht während der Bewässerungszeiten nötig ist. Außerdem werden durch die Rohrleitungen Wasserverdunstungen vermieden, die Kulturflächen vergrößert, der Maschineneinsatz erleichtert und Grabenrandwirkungen (Unkräuter, Schädlinge usw.) verhindert.

6. An die Untergrundrohrleitungen werden Beregnungsrohre angeschlossen; ihre Verlegung erfordert zwar auch noch einen erheblichen Arbeitsaufwand und es fallen große Kapitalkosten für Regnerleitungen und Regner an; dafür können aber jetzt die gesamten für die Stau- und Rieselverfahren erforderlichen Vorarbeiten wie Planierungen, Furchenziehen etc. eingespart werden.

7. Beim gegenwärtigen Stand der Technik wären dann schließlich die Unterflur- und Tropfbewässerung die Endphasen dieses idealtypischen Entwicklungsverlaufes.

Tatsächlich sehen wir eine solche Entwicklung, die bei der

Berieselung in zunehmendem Maße Kapitaleinsatz zugunsten
von Arbeitsersparnis tätigt und u. U. bis zur Beregnung führt,
heute in vielen Ländern mit zügiger volkswirtschaftlicher Entwicklung vor uns. Kalifornien, Südafrika, Italien oder Spanien
sind gute Beispiele. Hemmend wirken sich allerdings einmal das
Beharrungsvermögen der Bauern und zum anderen die Tatsache
aus, daß die in den Berieselungsanlagen getätigten Investitionen
nicht zurückgezogen werden können und sich deshalb als
Hemmschuh des Fortschrittes auswirken. Länder und Betriebe,
die schon früh, d. h. bei niedrigen Löhnen und hohen Kapitalgüterpreisen, die Bewässerung (also die Berieselung) einführten,
halten aus diesen Gründen oft auch dann noch lange an der
Berieselung fest, wenn bei Neueinrichtung eines Bewässerungs-
systems die Beregnung bereits rentabler arbeiten würde. Sie han-
deln u. U. im Sinne des Grenzkostenprinzips richtig. Im geographischen Raumbild treten deshalb Fälle auf, wo von zwei völlig
gleichgearteten Naturräumen mit völlig gleichen Kostenrelatio-
nen der eine berieselt und der andere beregnet, nur, weil der
erstere die künstliche Bewässerung schon seit Urväterzeiten üb-
te, während letzterer sie erst aufnahm, als die Beregnung bereits
rentabler arbeitete. Oft verbieten auch Finanzierungsschwierig-
keiten die Umstellung von der Berieselung auf die Beregnung,
da diese ja Neuinvestitionen im technischen Apparat und damit
Kapitalakkumulation voraussetzt. Die Entscheidung, ob dieser
Schritt getan werden soll, ist oft weniger ein Wirtschaftlichkeits-
als ein Finanzierungsproblem.

2.2.5 Entwicklungstendenzen der Betriebsgrößenstruktur

Auch die Entwicklung der landwirtschaftlichen Betriebsgrößen im Wirtschaftswachstum kann man aus der Minimalko-
stentheorie ableiten.

Aus der Abbildung 9 läßt sich unter anderem entnehmen:
1. Die Größenwandlung der Agrarbetriebe zeigt in dünn- und
dichtbesiedelten Ländern eine durchaus unterschiedliche Tendenz.
2. In dichtbesiedelten Ländern sind die Agrarbetriebe über die

gesamte volkswirtschaftliche Entwicklung hinweg sehr viel kleiner als in dünnbesiedelten Ländern.
3. In den Anfängen einer volkswirtschaftlichen Entwicklung ist
der Größenunterschied der Farmen bei unterschiedlicher Besiedlungsdichte am geringsten, weil es sich um Subsistenzbetriebe handelt, die die Größe einer „Ackernahrung" für die Familie
anstreben.
4. Auf mittleren volkswirtschaftlichen Entwicklungsstufen klaf-
fen die Betriebsgrößen am meisten auseinander. In dichtbesiedelten Ländern müssen sie wegen des Bevölkerungswachstums
schrumpfen und verschaffen sich diese Möglichkeit durch Substitution von Boden durch ertragssteigernde Kapitalgüter. In
dünnbesiedelten Ländern zwingt die Substitution von Arbeit
durch Maschinenkapital zur Bewirtschaftung größerer Flächen.
5. Auf höchsten volkswirtschaftlichen Entwicklungsstufen gleichen sich die Größen der Agrarbetriebe in den beiden Ländergruppen wieder etwas an, ohne sich allerdings so nahe zu kommen wie am Anfang der Entwicklung. In dichtbesiedelten Ländern erlaubt nun die Industrialisierung die Abwanderung vom
Lande und die Schaffung größerer, mechanisierter Betriebe. In
dünnbesiedelten Ländern wird es immer schwieriger, Landarbeiter zu bekommen, so daß sich die Agrarbetriebe auf die Ar-
beitskapazität der bäuerlichen Familie bei höchster Technisie-
rungsstufe und höchster spezieller Intensität zurückziehen müssen.
Die Abbildung 9 will nun allerdings nur den typischen langfristigen Trend der Betriebsgrößen im Agrarbereich zeigen und
kann nicht bedeuten, daß die Entwicklung überall und immer so
und nicht anders verläuft. Vor allem darf nicht der Eindruck
entstehen, daß es auf den verschiedenen volkswirtschaftlichen
Entwicklungsstufen jeweils nur eine optimale Betriebsgröße in
der Landwirtschaft gäbe. Eher läßt sich generalisierend sagen,
daß so gut wie überall und immer eine Mischung verschiedener
Betriebsgrößenklassen sowohl volkswirtschaftlich als auch pri-
vatwirtschaftlich am günstigsten ist.
So sind auch landwirtschaftliche Großbetriebe auf fast allen
Entwicklungsstufen der Volkswirtschaft unbestreitbar im Interesse von Wirtschaft und Gesellschaft sinnvoll, ja geradezu un-

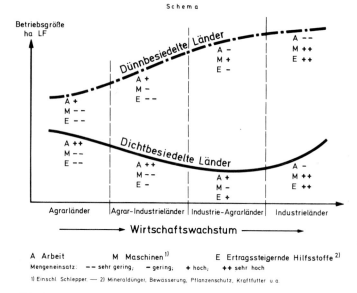

Abb. 9   Langfristiger Entwicklungstrend der Betriebsgrößen im Agrarbereich

verzichtbar. Großbetriebe in angemessenem Umfang und in geeigneten Formen fördern die Ausnutzung partiellen Bildungs-
potentials, erhöhen die Effizienz des Kapitaleinsatzes und erleichtern den Technologie-Transfer, was ökonomisch umso bedeutsamer ist je mehr Bildungsmangel, Kapitalarmut und tech-
nologisches Time Lag die Entwicklung hemmen.

Die Abbildung 10 läßt erkennen, daß die Kettenreaktion im
gegenwärtigen Anpassungsprozeß der westdeutschen Landwirtschaft das Betriebsgrößengefüge tiefgreifend beeinflußt. Es sei
hervorgehoben, daß

1. vor allem steigende Löhne und Einkommenserwartungen es
sind, welche die Frage aufwerfen, ob ein Vollerwerbsbetrieb auf-
rechterhalten werden soll und kann oder ob die Landwirtschaft

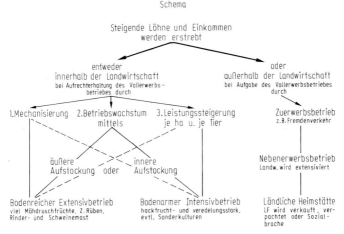

Schema

Abb. 10   Mittel- und langfristige Entwicklungs-Alternativen westeuropäischer Bauernbetriebe

bei Aufnahme eines gewerblichen Berufes nur noch im Nebenerwerb weitergeführt werden kann;

2. ein hoher Anteil derjenigen Betriebe, die Vollerwerbswirtschaften bleiben wollen, unter erheblichem Wachstumszwang steht;

3. die äußere Aufstockung mit weiterer Mechanisierung zu bodenreichen Extensivbetrieben führt, während

4. innere Aufstockung mit kräftiger Leistungssteigerung bodenarme Intensivbetriebe zur Folge hat. Ihre Existenzbedingungen sind meist schwerer als die der unter 3. genannten Höfe.

Die Übersicht 12 verdeutlicht, wie sehr auch noch bis 1990 eine Verschiebung im Betriebsgrößengefüge der Landwirtschaft unseres Landes zu den größeren Höfen hin erwartet wird.

Übersicht 12: Entwicklungsprognose für die Agrarstruktur der Bundesrepublik Deutschland; Mittelwerte einer Delphi-Umfrage

Kennwert	Einheit	1977[1]	1980	1985	1990
Vollerwerbsbetriebe	Anzahl	408 100	385 500	293 100	251 000
Haupterwerbsbetriebe	Anzahl	539 300	480 500	403 200	335 300
Zuerwerbsbetriebe	Anzahl	131 200	95 000	110 100	83 800
Nebenerwerbsbetriebe	Anzahl	349 700	412 620	408 060	388 890
Sa. alle Betriebe	Anzahl	889 000	893 120	811 260	724 190
Abnahme	% gegenüber 1977		0,5	8,8	18,5
Vollerwerbsbetriebe	% aller Betriebe	46,0	43,2	36,1	34,6
Haupterwerbsbetriebe	% aller Betriebe	61,0	53,8	49,7	46,3
Zuerwerbsbetriebe	% aller Betriebe	15,0	10,6	13,6	11,6
Nebenerwerbsbetriebe	% aller Betriebe	39,0	46,2	50,3	53,6
Vollerwerbsbetriebe	Ø ha LN	22,5	26,3	31,9	30,3
Zuerwerbsbetriebe	Ø ha LN	11,5	16,2	21,6	27,6
Nebenerwerbsbetriebe	Ø ha LN	4,9	6,4	9,3	13,3
Gesamtflächenbedarf	1000 ha	13218	14319	15523	17349
Gesamtflächenangebot	1000 ha		13315	12163	12013
Differenz	%		14,0	21,7	30,8
Vollarbeitskräfte	Mio.	1,08	0,99	0,85	0,65
Lohnarbeitskräfte	1000	135	95,2	87,0	77,9
Betriebe m. Lohnarb.-kräften	Anzahl		61 900	59 300	57 500

[1]) Agrarbericht 1978, Materialband (de facto-Werte).

Quelle: Rehrl, J.: Prognose der künftigen Agrarstrukturentwicklung. „Agrarwirtschaft", Hannover, Jg. 28 (1979), H. 3, S. 81–88.

2.3 Diversifizierung und Spezialisierung des Produktionsprogrammes

2.3.1 Abgrenzung und Begriffsbestimmung

Der Erzeugungsvorgang auf Farmen und Plantagen kann sich als Monoproduktion oder als Verbundproduktion vollziehen. An der Verbundproduktion kann wiederum eine sehr wechselnde Anzahl von Betriebszweigen beteiligt sein, die aus Gründen der Leistungssteigerung und -sicherung sowie der Kostensenkung zu einem organischen Ganzen, einem Betriebssystem, integriert werden.

Ohne die fließenden Übergänge der Wirtschaftswirklichkeit verkennen zu wollen, werden im folgenden zum Zwecke der Übersichtlichkeit nur drei Stufen der Betriebsvielfalt herausgestellt, nämlich
- der *Monoproduktbetrieb*,
- der *Spezialbetrieb* und
- der *Verbundbetrieb*,

deren Produktionsbreite durch die Adjektive
- *einseitig*,
- *mehrseitig* und
- *vielseitig*

gekennzeichnet wird. Alle diese Begriffe sind statisch. Sie finden ihre Ergänzung durch die dynamischen termini technici
- *Diversifizierung*, wenn die Betriebsvielfalt erhöht und
- *Spezialisierung*, wenn die Betriebsvielfalt eingeschränkt wird.

Im Rahmen dieses Abschnittes wird auf jegliche Detailbetrachtungen verzichtet und zu zeigen versucht, wie sich die Betriebsvielfalt im Zuge der volkswirtschaftlichen Entwicklung wandeln kann und wandeln muß. Es gilt, aus der Vielzahl von Ausnahmen Regeln und Gesetzmäßigkeiten herauszuarbeiten, das Allgemeingültige zu erkennen.

2.3.2 Diversifizierung im vorindustriellen Zeitalter

Die Betriebsvielfalt ist in hohem Maße eine Funktion von Grad und Richtung der Betriebsintensität, weil letztere das ab-

solute Gewicht der integrierenden Betriebsgestaltungskräfte
und damit auch ihr relatives Gewicht gegenüber den differenzierenden Kräften bestimmt.

2.3.2.1 Einseitige Farmen in den Anfängen der Entwicklung

In den Anfängen einer volkswirtschaftlichen Entwicklung
führen geringe Kosten der Bodennutzung, schwache Besied-
lungsdichten und hohe Preise für Kapitalgüter zu einer extensiven Wirtschaftsweise. Von 1947 bis 1965 stieg die Agrarproduktion Brasiliens jährlich um 4,5%, während die Erträge der 24
wichtigsten Kulturpflanzen nur um 0,1%/J. zunahmen, die Ar-
beitsmacht um etwa 2%/J. und die Arbeitsproduktivität um
ca. 1,9%/J. anwuchs. In einem Lande wie Brasilien mit nur
10 E/km ist die extensive Bewirtschaftung großer Flächen ökonomischer als die intensive Bewirtschaftung kleiner Flächen. Bei
der Erzeugungssteigerung verdient deshalb die Extension den
Vorzug vor der Intension.

Extensiv-Farmen aber sind häufig recht einseitig organisiert,
– weil auf niederen volkswirtschaftlichen Stufen eine einseitige
Kost vorherrscht, in der die Haupt-Feldfrucht oft nur durch
Gartenbauprodukte ergänzt wird;
– weil die Tierproduktion und damit auch der Futterbau häufig
noch fehlen, da der niedrige Lebensstandard der Bevölkerung
weder Märkte schafft noch Eigenkonsum zuläßt;
– weil das Prinzip des Pflanzenwechsels wegen des noch mögli-
chen Landwechsels nicht verfolgt zu werden braucht, zumal viele tropische Feldfrüchte recht selbstverträglich sind (Mais, Reis,
Hirse);
– weil extrem extensive Wirtschaftsweisen eine Düngerwirt-
schaft entbehrlich machen;
– weil das Prinzip des Arbeitsausgleichs in den Tropen ganz
allgemein und besonders bei geringen Arbeitskosten weniger
Probleme schafft und
– weil das Risiko bei extensiver Wirtschaftsweise wegen eines
weiteren Kosten-Leistungs-Verhältnisses geringer als bei intensiver Farmwirtschaft ist.

Beispiele extensiv-einseitiger Betriebe auf niederen Stufen

volkswirtschaftlicher Entwicklung bieten diejenigen Formen von shifting.cultivation, die auf Mischkulturen verzichten, die Steppenumlagewirtschaft in den wendekreisnahen Tropen, die Trockenreisfarmen besonders Südamerikas, die Mais-Hackbauwirtschaften z. B. Malawis, die Ölpalmenpflanzungen Nigerias, die Kakaopflanzungen Ghanas (in extensiver Bewirtschaftung) oder die arbeitsteiligen Rinderaufzucht- bzw. -mastbetriebe in den Dornbuschsteppen. Auch die jetzigen Industrieländer haben diese Stufe zumeist durchlaufen:

– reiner Getreidebau neben unbedeutender Rindviehhaltung auf Allmenden in Deutschland vor Einführung des Klee- und Hackfruchtbaues;

– reiner Getreidebau-Umlagewirtschaft in der Donsteppe noch in den ersten Jahrzehnten unseres Jahrhunderts;

– Baumwoll-Monokulturen in den amerikanischen Südstaaten etwa bis 1920 oder

– Mais-Monokultur in Teilen Transvaals bis in die Gegenwart.

2.3.2.2 Triebkräfte der Diversifizierung bei steigender Arbeitsintensität

Die volkswirtschaftliche Entwicklung fördert zunächst Intensität und Diversifizierung gleichermaßen. Die Farmen treten in die Diversifizierungsphase ein.

Die Kausalmotivierung dieser Erscheinung ist darin zu suchen, daß die volkswirtschaftliche Entwicklung und das Bevölkerungswachstum im vorindustriellen Zeitabschnitt i. a. dazu führen, daß die Kosten der Bodennutzung schneller als die Arbeitskosten steigen. Dies muß eine Umkombination der Produktionsfaktoren im Sinne einer schrittweisen Steigerung der Arbeitsintensität zur Folge haben. Der Diversifizierungsprozeß wird dadurch eingeleitet, daß sich der Wirkungsgrad der integrierenden Kräfte der Betriebsgestaltung mit steigender Arbeitsintensität erhöht.

Wenn der Farmer mehrere bis viele Betriebszweige zu einem organischen Ganzen integriert, so hat das in dreifacher Hinsicht ökonomische Vorteile zur Folge. Es sinken dann die Gewinnungskosten pro Flächen- und Produkteinheit wegen der gleichmäßigeren Belastung mit Betriebsarbeit; es steigen die Naturalerträge von der Fläche wegen der vollkommeneren Ausnutzung der Bodenfruchtbarkeit, und häufig wächst auch noch der Geldwert des Ertrages wegen besserer Verwertungsmöglichkeiten.

Daß alle diese Vorteile um so größer werden, je arbeitsintensiver gewirtschaftet wird, erkennt man, wenn man die einzelnen Kräfte der Integration daraufhin untersucht:

Leistungssteigernde Effekte

Das Prinzip des Pflanzenwechsels gewinnt mit steigender Arbeitsintensität immer größere Bedeutung.

Der Ackerbau zehrt um so stärker an der Bodenfruchtbarkeit, je größer der Reihenabstand der Kulturpflanzen ist und je mehr Bodenlockerung erfolgt. Das trifft in hervorragendem Maße für die Intensivkulturen, wie Körnermais, Tabak, Baumwolle etc. zu. Je intensiver also gewirtschaftet wird, je höher der Anbauanteil der bodenabbauenden Intensivkulturen, um so mehr muß man durch bodenaufbauende Fruchtarten mit engem Reihenabstand, starker Bodenbedeckung, langer Vegetationszeit und reichem Bewurzelungsvermögen einen Ausgleich zu schaffen suchen (Leguminosen, Zwischenfrüchte etc.). Je intensiver die Bodennutzung wird, um so mehr entfernt sie sich von dem Charakter der natürlichen Flora, um so mehr muß eine sinnvolle Fruchtfolge einen Ausgleich der entstandenen Schäden anstreben.

Intensivkulturen sind im allgemeinen auch stärker als Extensivkulturen durch Krankheiten und Schädlinge gefährdet. Sie erzwingen meistens schon aus Gründen des Pflanzenschutzes den Anbau im Rahmen einer Rotation.

Je höher die Bodenfruchtbarkeit, je günstiger die Verkehrslage, um so mehr Kulturpflanzen sind anbauwürdig, um so leichter kann man dem Prinzip des Pflanzenwechsels Rechnung tragen.

Solange mineralische Dungstoffe noch relativ teuer sind, muß das Bodennutzungssystem auch dem Nährstoffausgleich Rechnung tragen (Leguminosenstickstoff!), was um so größere Vielseitigkeit erfordert, je stärker nährstoffanspruchsvolle Intensivkulturen in den Vordergrund treten. Intensivkulturen zeigen auch einen höheren Bedarf an organischen Dungstoffen als Extensivkulturen. Auch dieser Umstand befürwortet bei steigender Intensität eine Diversifizierung der Farmen. Die durch die exploitierenden Fruchtarten verursachten Gleichgewichtsstörungen zwischen bodenauf- und -abbauenden Vorgängen können nämlich bis zu einem gewissen Grade durch konservierende Fruchtarten und Aufwendungen ausgeglichen werden. Unter ihnen steht die Zufuhr organischer Dungstoffe oben an.

Soweit die Produktion organischer Dungstoffe eine Nutzviehhaltung voraussetzt, wirkt steigende Betriebsintensität nicht nur auf vielseitigere Bodennutzung, sondern in der Regel auch auf Begründung bzw. Ausdehnung der Nutzviehhaltung hin. Auch die bei vielen Intensivkulturen anfallenden Futternebenerzeugnisse (z. B. bei Zuckerrohr, Körnermais oder Baumwolle) legen eine solche nahe. Schließlich ist daran zu denken, daß bei steigender Betriebsintensität auch die Tierproduktion selbst eine Intensivierung erfährt. Intensivformen der Nutzviehhaltung aber, wie Milchproduktion und Rindermast, stellen höhere Anforderungen an den Futterausgleich (Nährstoffkonzentration, Eiweiß-Stärke-Verhältnis, gleichmäßiger Futteranfall im Jahresablauf) als Extensivformen (Wollschafhaltung, Ochsenaufzucht) und tragen deshalb zum Futterbau und auch dadurch zu einer wachsenden Diversifizierung des Betriebes bei.

Leistungssichernde Effekte

Der extensive Betrieb birgt c. p. gegenüber dem intensiven das geringere Risiko in sich. Bei Preiseinbrüchen oder in Mißwachsjahren, welche durch übermäßige Niederschläge, namentlich in der Erntezeit, lange Dürreperioden, Insektenschäden, Früh- und Spätfröste u. a. m. verursacht werden, sind die Verluste um so größer, je intensiver gewirtschaftet wird. Wer viel einsetzt, kann auch viel verlieren. Intensivbetriebszweige sind in der Regel risikoreicher als extensive,

1. weil die Kosten/Leistungsrelation i. a. enger ist;
2. weil die Produkte vieler Intensivbetriebszweige (Yams, Bata-

ten, Maniok) wenig transport- und lagerfähig sind, so daß Ern-
teschwankungen starke Preisausschläge verursachen und
3. weil Intensivbetriebszweige i. a. stärker als extensive durch
Krankheiten und Schädlinge befallen werden.

Je intensiver also gewirtschaftet wird, je stärker die Intensivbetriebszweige hervortreten, um so mehr ist der Landwirt genö-
tigt, größeren Verlustgefahren durch Diversifizierung vorzubeu-
gen.

Kostensenkende Effekte

Schließlch steigern auch die Rücksichten auf den Arbeitsausgleich die Notwendigkeit der Diversifizierung bei wachsender
Betriebsintensität. Neben den Zeitspannen der Inanspruchnahme der Arbeitskräfte und Betriebsmittel sind in der Frage des
Arbeitsausgleichs auch die besonderen Anforderungen ent-
scheidend, die die einzelnen Betriebszweige an die Aufwands-
menge stellen. Wird eine spezifisch intensive Kultur sukzessive
ausgedehnt, so hat das ein schnelleres Ansteigen der Produk-
tionskosten zur Folge, als wenn das gleiche mit einer spezifisch
extensiven geschieht. Je intensiver ein Betriebszweig ist, desto
mehr verliert er an Selbständigkeit im Betrieb, desto mehr ist er
auf die betriebliche Kombination mit bezüglich ihrer Arbeitsan-
sprüche komplementären Betriebszweigen angewiesen. Dabei
ist aber wieder steng unsere Supposition von der noch geringen
volkswirtschaftlichen Entwicklung zu beachten. Bei schwacher
volkswirtschaftlicher Entwicklung wird ja die Arbeit von
menschlichen und tierischen Kräften geleistet, die ihrer Natur
nach feste Kosten, und zwar potentielle Verbundkosten verursachen und nach Inanspruchnahme ihrer ungesättigten Kapazitäten rufen. Auch die bescheidenen Maschinen und Geräte, die
der Farmwirtschaft auf dieser volkswirtschaftlichen Entwicklungsstufe zur Verfügung stehen, verursachen noch größtenteils
Verbundkosten. Sie dienen hauptsächlich nur dem Anbau- und
Transportaufwand und können in vielen bis allen Betriebszweigen eingesetzt werden.

Rückschauend zeigt sich, daß die Intensivbetriebszweige weit
mehr als die extensiven auf Diversifizierung angewiesen sind. Sie

können bei schwacher volkswirtschaftlicher Entwicklung in der Regel nur einen Teil des Betriebes ausmachen und bedürfen einer betrieblichen Ergänzung durch komplementäre Produktionszweige. Wohl gibt es Ausnahmen (Baumwolle, Wein, Citrus-, Zucker-, Kaffeeplantagen), Regel aber ist, daß Monoproduktbetriebe nur mit extensiven Betriebszweigen möglich sind, und daß die Intensivierung zunächst zur Diversifizierung zwingt.

Unsere bisherigen Überlegungen führten uns unter der Voraussetzung einer nur schwachen volkswirtschaftlichen Verflechtung der Farmen auf die einfache, lineare Funktion:

Wachsender Bodenwert → steigende Intensität → stärkere Diversifizierung.

2.3.3 Spezialisierung im industriellen Zeitalter

Erreicht nun aber die volkswirtschaftliche Verflechtung der Landwirtschaft eine bestimmte Grenze, so ändert sich die Beziehung zwischen Intensität und Betriebsvielfalt. Bei starker volkswirtschaftlicher Verflechtung korrelieren Intensität und Diversifizierung des landwirtschaftlichen Betriebes negativ. Es kommt zur Spezialisierung.

Die Ursachen dieser Erscheinung liegen darin, daß sich der Wirkungsgrad aller integrierenden Kräfte bei hohem volkswirtschaftlichen Entwicklungsstand ermäßigt, die integrierenden Faktoren gegenüber den differenzierenden an Kraft einbüßen. Bleiben wir zunächst beim Arbeitsausgleich.

2.3.3.1 Der Zwang zur Spezialisierung bei steigender Kapitalintensität

Es wurde gesagt, daß bei schwacher volkswirtschaftlicher Verflechtung sowohl die menschlichen und tierischen Arbeitskräfte als auch die hier schon vorhandenen Maschinen und Geräte für den Anbau-, Kultur- und Transportaufwand zur Diversifizierung drängen, weil sie alle potentielle Verbundkosten verursachen und daher zur Abdeckung ihrer ungesättigten Kapazitäten die billige Einfügung komplementärer Betriebszweige

nicht nur zulassen, sondern sogar erfordern. Bei starker volkswirtschaftlicher Verflechtung werden nun aber die Arbeitskräfte
so knapp und teuer und die Maschinen vergleichsweise so billig,
daß auch der Ernteaufwand mechanisiert werden muß. Die hierfür erforderlichen Maschinen verursachen meistens absolute
Spezialkosten. Sie können nur einem einzigen Zwecke dienen.
Ihre Festkosten lassen sich nicht auf mehrere Betriebszweige
verteilen, sondern nur dadurch, daß man dem Betriebszweig,
auf den die betreffenden Maschinen zugeschnitten sind, einen so
großen Umfang gibt, daß er nach Möglichkeit die volle Arbeits-
kapazität der Maschinen auszunutzen vermag.

Die Kosten aber, die durch den Einsatz von Vollerntemaschinen entstehen und auf Schwerpunktbildung in der Farmwirtschaft drängen, sind bedeutend. Man denke nur an die Kapitalinvestitionen und -kosten im Falle von Baumwoll- oder Mais-
pflückmaschinen, selbstfahrenden Mähdreschern für Getreide,
Mais, Hirse oder Soja, Erdnußschälmaschinen, Zuckerrohrern-
temaschinen usw.

Um diese Aggregate herum sind die Farmen zu organisieren,
so daß eine vielseitige Wirtschaftsweise bei vollmechanisierter
Verfahrenstechnik schließlich nur noch im Großbetrieb möglich
ist. Der Masse der bäuerlichen Betriebe aber bleibt keine andere
Wahl als zu spezialisieren, weil man unmöglich auf der Fläche
eines Familienbetriebes sechs oder acht Betriebszweige vollmechanisieren kann: So hohe Kapitalinvestitionen wären gar nicht
möglich, und die hohen Festkosten würden jegliche Wirtschaftlichkeit illusorisch machen.

Die Zugkraftmotorisierung erleichtert die Spezialisierung der
Farmen, weil Schlepper kostenwirtschaftlich viel weniger Ein-
satzstunden je Jahr als Ochsen oder Pferde benötigen.

Indessen sind die Spezialisierungstendenzen der Farmen auf
höheren volkswirtschaftlichen Entwicklungsstufen je nach der
arbeitswirtschaftlichen Situation graduell durchaus unterschiedlich. Am stärksten sind sie dann, wenn betriebseigene Spe-
zialmaschinen ständige Arbeitskräfte ersetzen. Geringer ist die
Spezialisierungstendenz, wenn die ständigen Arbeitskräfte
durch betriebseigene Vielzweckmaschinen substituiert werden
und noch schwächer, wenn überbetriebliche Maschinennutzung

möglich ist. Ersetzen schließlich Gemeinschafts- oder Fremdmaschinen Saison-Hilfskräfte, so kann unter Umständen jeglicher arbeitswirtschaftlicher Anreiz zur Spezialisierung entfallen, ja, es würde sich in manchen Fällen sogar eine weitere Diversifizierung durchsetzen, wenn dem nicht andere Kräfte entgegenständen.

Es gibt der arbeitswirtschaftlichen Varianten noch weit mehr. Sieht man von ihnen ab und konzentriert man sich auf den Kern des Sachverhaltes, so ist an Hand des Schemas (Abb. 11) folgendes zu sagen:

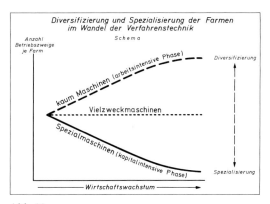

Abb. 11

– Arbeitsintensität fördert die Diversifizierung, weil menschliche und tierische Arbeitskräfte potentielle Verbundkosten verursachen

– Kapitalintensität fördert die Spezialisierung, weil zu mindestens die Vollerntemaschinen meist absolute Spezialkosten entstehen lassen.

Schließlich ist noch darauf hinzuweisen, daß nicht nur die Mechanisierung der landwirtschaftlichen Produktion, sondern auch die Mechanisierung der Ernteaufbereitung die Spezialisierung der Farmen fördert. Einmal wandert die Veredelung immer

mehr in die gewerbliche Sphäre ab, wodurch die Farmen Be-
triebsfunktionen abgeben. Zum anderen tendiert die Verarbeitungsindustrie wegen der Kostendegression bei Massenproduktion zu Großunternehmungen (Schlachtereien, Sisalfabriken,
Ölmühlen, Zuckerfabriken, Konservenindustrien, Teefabriken
etc.), die zur Transportkostenersparnis die umliegenden Landbauzonen in eine spezialisierte Produktionsrichtung drängen.
Es ist das nichts anderes als eine Konzentration der Absatzmärkte der Landwirtschaft, die eine Verstärkung der differenzierenden Kraft der äußeren Verkehrslage zur Folge hat. Diese
wiederum führt zu einer regionalen Angebotskonzentration, die
sich in Teelandschaften, Zuckerrohrlandschaften, Sisallandschaften usw. im Umland der Fabriken dokumentiert.

2.3.3.2 Der Spielraum der Spezialisierung bei hoher Kapitalintensität

Arbeitswirtschaftliche Rücksichten zwingen dazu, beim
Übergang von der arbeits- zur kapitalintensiven Landwirtschaft
die Diversifizierung abzubauen, vom Verbund- zum Spezialbetrieb überzugehen. Eine Reihe technischer Hilfsmittel, die die
Industrie der Landwirtschaft auf dieser Stufe kostengünstig bietet, läßt diese Spezialisierung auch zu.

Die Bodenausnutzung als integrierender Betriebsgestaltungs-
faktor verliert bei starker volkswirtschaftlicher Verflechtung der
Landwirtschaft an Kraft. Mineraldüngung, therapeutischer
Pflanzenschutz, sowie die Unkrautbekämpfung mit chemischen
und Wuchsstoffmitteln lockern die Bande der Fruchtfolge.

Das Streben nach Düngerausgleich wird im Zuge der volkswirtschaftlichen Entwicklung immer mehr auf die Notwendigkeit der organischen Düngerversorgung beschränkt; denn die
Mineraldünger verbilligen sich so stark, daß durch ihren Einsatz
eine bestimmte Nährstoffwirkung sehr bald billiger erzielt werden kann als durch Fruchtfolgemaßnahmen.

Auch die Bande der Verwertungsgemeinschaft lockern sich,
weil wegen der Verbesserung des Straßennetzes, Verbilligung der
Lastkraftwagen und aller Energiequellen, Heu- und Strohwer-
bung in Preßballen etc. eine Transportkostendegression eintritt,

die Futter- und Strohzu- und -verkauf von Betrieb zu Betrieb
und von Agrarraum zu Agrarraum möglich macht. Man kann
die Nutzviehhaltung nun auf ein oder zwei Zweige beschränken
oder sogar ganz aufgeben. Die Veredelungswirtschaft drängt bei
starker volkswirtschaftlicher Verflechtung zur Konzentration
und Massenproduktion. Sie verselbständigt sich eher und früher
als die Bodennutzungszweige, weil sie nicht auf eine integrierte
Bodennutzung angewiesen und im Hinblick auf den jahreszeitlichen Arbeitsablauf weniger an den Rhythmus der Vegetationszeit gebunden ist.

Die Erleichterung der Raumüberwindung durch den Ausbau
der Infrastruktur macht schließlich auch die Selbstversorgung
der Farmen weitgehend entbehrlich, weil sie den Zukauf von
Nahrungsmitteln erleichtert. Die Verdichtung des Straßen- und
Ladennetzes, die Verbesserung des Kundendienstes und endlich
Auto, Telefon und Kühlschrank auf der Farm fördern den Bezug von Lebensmitteln. Die Mechanisierung hat nun die Arbeitsproduktivität der Landbevölkerung so erhöht, daß die Beibehaltung nicht mechanisierbarer kleiner Betriebszweige, z. T.
auch der Gartenarbeit, nicht mehr lohnend ist.

Auch der Zwang, durch vielseitige Betriebsorganisation Verlustgefahren vorzugeben, ermäßigt sich. Das Risiko wird dem
landwirtschaftlichen Unternehmer mehr und mehr von der Gesellschaft abgenommen. Versicherungsgesellschaften decken
das Ernterisiko. Das Marktrisiko aber übernimmt mehr und
mehr der Staat, sei es durch Mindestpreisgarantien oder sei es
dadurch, daß er immer bessere agrarpolitische Instrumente entwickelt, um im Rahmen von Marktordnungen konjunkturelle
und saisonale Preisschwankungen abzuschwächen (Außen-
handelspolitik, Vorratspolitik, Marktprognosen etc.).

Schließlich wird die Spezialisierung der Betriebe auch noch
dadurch gefördert, daß mit fortschreitender wissenschaftlicher
Durchdringung des Landbaues die Anforderungen an das Wissen und Können des Betriebsleiters in jedem einzelnen Betriebszweig immer größer werden. Unmöglich wird es für den einzelnen, sich alle notwendigen Spezialkenntnisse und -erfahrungen
in vielen Betriebszweigen anzueignen. Der Farmer wird zum
Spezialisten. Auch von dieser Seite her wird die Spezialisierungs-

tendenz bei fortschreitender Intensivierung immer stärker. Intensivbetriebszweige erfordern nämlich ein höheres Maß an geistiger Durchdringung als Extensivbetriebszweige. Je intensiver der Betrieb wird, desto mehr „ratio" muß auf ihn verwandt werden.

Zusammenfassend läßt sich sagen: Starke volkswirtschaftliche Verflechtung führt zur Spezialisierung der Farmen und Plantagen zur Bildung von Schwerpunkten in der Betriebsorganisation.

Da eine zunehmende volkswirtschaftliche Verflechtung i. a. begleitet wird von einer Steigerung von Bodenwert und Kapitalintensität, kann die Aussage dahingehend erweitert werden, daß *bei starker volkswirtschaftlicher Verflechtung Bodenwert, Kapitalintensität und Spezialisierungsgrad der Farmen ansteigen.*

Ein direkter kausaler Zusammenhang in dem Sinne, daß das Steigen der Intensität die Spezialisierung der Betriebe auslöst, besteht aber nicht. Intensitätssteigerungen bedeuten an sich – wie gezeigt – eine Steigerung des Effektes der integrierenden Kräfte. Bei starker volkswirtschaftlicher Verflechtung erfolgt die Spezialisierung nicht wegen, sondern trotz der Intensitätssteigerung. Die Spezialisierungstendenz muß also noch stärker werden, wenn schließlich im Zuge der volkswirtschaftlichen Entwicklung der relative Bodenwert und die Intensität nicht mehr steigen, sondern sinken, d. h. wenn die Kosten der Bodenbenutzung weniger steigen als Lohn und Zins.

Mit dem Steigen der Intensität an sich steht die Vereinfachung der landwirtschaftlichen Betriebe also nicht in unmittelbarer kausaler Beziehung, um so mehr aber mit der Richtung der Intensität, d. h. mit der zunehmenden Verlagerung von der Arbeits- zur Kapitalintensität. Wenig entwickelte Landwirtschaft ist arbeitsintensiv, fortgeschrittene kapitalintensiv.

Arbeitsintensität aber führt zur Diversifizierung, Kapitalintensität dagegen zur Spezialisierung der Agrarbetriebe.

2.3.4 Stufen der Betriebsvielfalt im Zuge der volkswirtschaftlichen Gesamtentwicklung

2.3.4.1 Das historische Zeitbild als theoretisches Modell

Mit Hilfe vorstehender Theorie muß sich nun die Vielgestaltigkeit der Farmen direkt aus dem Bodenwert im Zusammenhang mit dem Grad der volkswirtschaftlichen Verflechtung herleiten lassen. *Bei niedrigem Bodenwert wird extensiv gewirtschaftet und es müssen einseitige Betriebe zur Ausbildung kommen. Steigt der Bodenwert und damit die Intensität, so müssen die Farmen so lange vielseitiger werden, wie ihre volkswirtschaftliche Verflechtung noch gering ist. Bei starker volkswirtschaftlicher Verflechtung der Landwirtschaft wird die Betriebsweise wieder spezialisiert, ohne jedoch die Einförmigkeit, die bei niedrigem Bodenwert in Erscheinung trat, wieder zu erreichen.*
In den Uranfängen der Landwirtschaft, solange die Besiedlung noch schwach und der Boden billig ist, treten häufig extensive Monokulturen in die Erscheinung. Wächst dann die Bevölkerung, verknappt und verteuert sich der Volksboden und wird dadurch eine Arbeitsintensivierung ausgelöst, so werden die landwirtschaftlichen Betriebe im vorindustriellen Zeitalter vielseitiger und zwar um so mehr, als in dieser Epoche auch die Betriebsgrößen zur Verkleinerung neigen. Nach der Industrialisierung und immer stärker werdenden volkswirtschaftlichen Verflechtung steigen zwar Bodenwert und Intensität oft weiterhin, aber letztere verlagert sich schrittweise nach der Seite des Kapitals. Die Kapitalintensivierung löst dann die Spezialisierung aus, und diese Tendenz wird wieder dadurch verstärkt, daß die Betriebseinheiten jetzt zum Wachstum neigen. In der Abb. 12 sind diese Vorgänge schematisiert.
In der Regel entsprechen
1. *der extrem extensiven Landwirtschaft Monproduktbetriebe;*
2. *der arbeitsintensiven Landwirtschaft Verbundbetriebe und*
3. *der kapitalintensiven Landwirtschaft Spezialbetriebe.*
Da die Landwirtschaft ihre Intensität aber im Zuge der volkswirtschaftlichen Entwicklung in der Reihenfolge
extensiv → arbeitsintensiv → kapitalintensiv

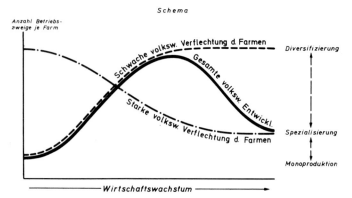

Abb. 12   Diversifizierung und Spezialisierung der Farmen im Wirtschaftswachstum

wandelt, muß folgende Veränderung in der Betriebsvielfalt zu
erwarten sein:
Monoproduktion → Diversifizierung → Spezialisierung.
   Dabei können Ausnahmen vorkommen. Wenn z. B. die Industrialisierung schon in einem Zeitpunkt einsetzt, in dem die Besiedlungsdichte noch relativ schwach ist, entstehen überhaupt
keine vielseitigen Agrarbetriebe. Die extensive Landwirtschaft
geht dann unmittelbar in eine kapitalintensive, der Monoproduktbetrieb direkt in einen Spezialbetrieb über. In vielen Ländern der Neuen Welt war und ist das der Fall. Ein hoher Diversifizierungsgrad der Betriebe wird dann nie erreicht. Er folgt auch
nicht etwa als dritte Stufe; denn wenn ein rapides Bevölkerungswachstum erst nach der Industrialisierung einsetzt, werden die
Menschen sofort von der Industrie aufgenommen, so daß eine
arbeitsintensive Landwirtschaft nicht mehr entstehen kann.

2.3.4.2 Das geographische Raumbild als theoretisches Modell

Das geographische Raumbild der Betriebsvielfalt ergibt sich
nach dem Gesagten schon von selbst:
   In einem Lande mit *schwacher volkswirtschaftlicher Verflech-*

tung der Landwirtschaft muß die Vielgestaltigkeit der Betriebe ein Spiegelbild ihrer Intensitätsstufen sein, die hier Grade der Arbeitsintensität bedeuten und ihrerseits mit dem Bodenwert positiv korrelieren. Von der Monoproduktion bis zur hochgradigen Diversifizierung müssen hier in Abhängigkeit vom relativen Bodenwert alle Stufen der Betriebsvielfalt zu finden sein.

In einem Lande dagegen, dessen Landwirtschaft schon längere Zeit den Vorteil *starker volkswirtschaftlicher Verflechtung* genießt, besteht die Intensität weit mehr in Kapitalintensität. Diese läßt keine sehr vielfältigen Farmen zu. Je nach dem Bodenwert werden in einem solchen Lande Monoprodukt- und Spezialbetriebe nebeneinander vertreten sein.

In einem Lande schließlich, dessen Landwirtschaft sich gerade in der *kritischen Phase des volkswirtschaftlichen Verflechtungsprozesses* befindet und dessen Bodenwerte eine weite Schwankungsbreite, besonders auch nach unten hin, zeigen – und das ist heute z. B. in der südafrikanischen Republik, in Australien oder in Kanada der Fall –, müssen sowohl Monoproduktbetriebe als auch Verbundbetriebe als auch Spezialbetriebe zu finden sein:

– Monoproduktbetriebe dort, wo die Bodenpreise niedrig sind;
– Verbundbetriebe dort, wo die Bodenpreise zwar schon relativ hoch, die volkswirtschaftlichen Verflechtungen der Landwirtschaft aber noch gering sind und
– Spezialbetriebe dort, wo mit hohen Bodenpreisen starke Verflechtungen der Farmen mit der gewerblichen Wirtschaft zusammenfallen

2.3.4.3 Betriebsgrößenbedingte Nuancierungen des Entwicklungsverlaufes

Von der Vielzahl der Faktoren, die Abweichungen und Verzerrungen des Entwicklungsverlaufes der Betriebsvielfalt verursachen können, sei hier nur die Betriebsgröße herausgestellt (Abb. 13):

In der *arbeitsintensiven Phase* ist die Diversifizierungstendenz um so größer, je kleiner die Betriebe sind,

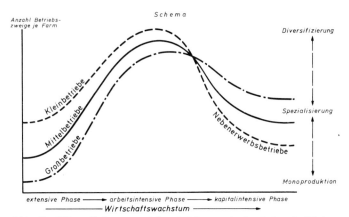

Abb. 13   Diversifizierung und Spezialisierung der landwirtschaftlichen Betriebsgrößen im Wirtschaftswachstum

– weil der Kleinbetrieb weniger marktverbunden ist als der Großbetrieb;
– weil der Kleinbetrieb stärker auf Selbstversorgung bedacht ist und
– weil der Familienbetrieb mehr auf Arbeitsausgleich achten muß als der z. T. mit Saisonhilfskräften, Ochsen, unter Umständen auch schon mit Schleppern wirtschaftende Großbetrieb.

In der *kapitalintensiven Phase* kehrt sich das Diversifizierungsbedürfnis der Betriebsgrößenklassen um:
– *Der Großbetrieb* kann seiner nunmehr hohen Risikoanfälligkeit durch vielseitige Wirtschaftsweise Rechnung tragen, weil seine Bodenflächen groß genug sind, um mehrere Betriebszweige kostengünstig vollmechanisieren zu können.
– Der mittelgroße Betrieb muß sowohl zwecks Maschinenausnutzung als auch zwecks geistiger und kaufmännischer Entlastung des Betriebsleiters spezialisieren.
– *Der Kleinbetrieb* bleibt solange der vielseitigste Betrieb aller Größenklassen, bis er nach Übergang zur Nebenerwerbswirtschaft häufig den höchsten Spezialisierungsgrad aller Betriebsgrößenklassen erreicht.

Insgesamt wird aber nach der Abb. 13 der idealtypische Entwicklungsverlauf der Betriebsvielfalt durch die verschiedenen Betriebsgrößenklassen nicht prinzipiell in Frage gestellt, sondern nur graduell verschoben.

2.4 Die Staaten der Erde nach ihrer volkswirtschaftlichen Entwicklungsstufe

In der Abb. 14 sind die Staaten unseres Erdballes nach fünf Entwicklungsstufen geordnet, die im erster Linie das Ergebnis ökonomischer Kategorien sein dürften.

Ohne hier auf die methodischen Fragen der Abgrenzung und

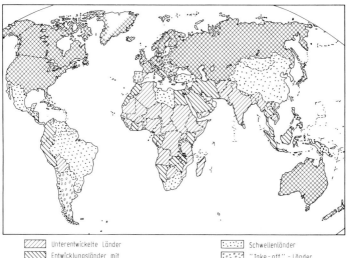

▨ Unterentwickelte Länder	⬚ Schwellenländer
◨ Entwicklungsländer mit günstigen Voraussetzungen	▦ "Take-off"-Länder
	▩ Hochentwickelte Länder

Abb. 14 Die Staaten der Erde nach ihrer volkswirtschaftlichen Entwicklungsstufe. Mit freundlicher Genehmigung von Autor und Verlag nachgebildet aus: H. Hambloch, Allgemeine Anthropogeographie, 5., neubearb. Aufl. (Erdkundliches Wissen, H. 15). Franz Steiner Verlag, Wiesbaden 1982. Abb. 40 im Anhang

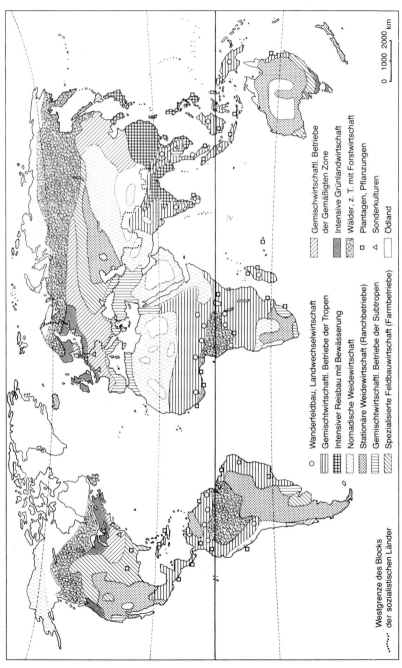

Legende:

○ Wanderfeldbau, Landwechselwirtschaft

▦ Gemischtwirtschaftl. Betriebe der Tropen

▦ Intensiver Reisbau mit Bewässerung

▦ Nomadische Weidewirtschaft

▥ Stationäre Weidewirtschaft (Ranchbetriebe)

▥ Gemischtwirtschaftl. Betriebe der Subtropen

▨ Spezialisierte Feldbauwirtschaft (Farmbetriebe)

▨ Gemischtwirtschaftl. Betriebe der Gemäßigten Zone

Intensive Grünlandwirtschaft

▦ Wälder, z. T. mit Forstwirtschaft

□ Plantagen, Pflanzungen

△ Sonderkulturen

Ödland

— Westgrenze des Blocks der sozialistischen Länder

0   1000 2000 km

Abb. 15 Die Agrarregionen der Erde (nach Whittlesey 1936, Grigg 1969, Hambloch 1974 u.a.)

statistischen Erfassung der einzelnen Entwicklungsstufen eingehen zu wollen, ist hervorzuheben, daß diese Kartenskizze im
Verlauf dieses Buches außerordentlich hilfreich sein wird, die
Ausführungen jeweils zu relativieren. In der Abb. 15 ist der Diversifizierungsgrad des Produktionsprogrammes wenigstens angedeutet.

3 Räumliche Differenzierungen im Weltagrarraum

3.1 Kulturgraphische Gestaltelemente

3.1.1 Bevölkerungsdichte und -struktur

Das Wachstum der Weltbevölkerung erfolgte bislang progressiv, wie die Übersicht 13 zeigt.

Übersicht 13: Das Wachstum der Weltbevölkerung

Jahr	Welt-bevölkerung	Jährl. Wachstum seit dem vorh. Datum, %	Verdoppe-lungszeit in Jahren
1 Mio. v. Chr.	wenige Tausend	–	–
8000 v. Chr.	8 Mio.	0,007	100 000
1 n. Chr.	300 Mio.	0,046	1 500
1750	800 Mio.	0,06	1 200
1900	1,6 Mrd.	0,46	150
1970	3,6 Mrd.	1,0	70
2000 (Schätzg.)	6,3 Mrd.	2,0	35

Quelle: R. S. McNamara 1977. Zit. nach P von Blanckenburg und H.-D. Cremer 1983, S. 19.

Der Anteil der Weltbevölkerung, der in EL lebt, wird sich von 72% im Jahre 1982 auf 87% im Jahre 2110 erhöhen, d. h. auf 9,1 Mrd. der dann erwarteten 10,5 Mrd. Menschen. Afrika und Asien zusammen werden dann so viele Menschen beherbergen wie die ganze Erde im Jahre 2000 (*D. F. R. Bommer* 1982, S. 3). In diesen beiden Kontinenten liegen die Hauptprobleme.

Für den Stichtag 30. Juni 1983 wurde die Weltbevölkerung

auf 4 721 887 000 Menschen geschätzt. In den zwölf Monaten davor hatte sie um 82 077 000 zugenommen. Für die Jahrtausendwende werden etwa 6,3 Mrd. Menschen erwartet. Für die Zukunft wird der Hauptzuwachs von mehr als 4 Mrd. in ersten Jahrhundert des dritten Jahrtausends liegen. Um das Jahr 2110 wird sich die Weltbevölkerung nach derzeitigen Prognosen bei ca. 10,5 Mrd. Menschen stabilisieren (*D. F. R. Bommer* 1982, S. 3).

Die Bevölkerungsdichte und ihre Abstufung wird häufig durch eine Weltkarte mit der Klassifizierung Einw./km² dargestellt. Eine solche Aussage bedeutet jedoch ernährungswirtschaftlich nicht viel, weil die Agrarflächenquote in den Landschaftsgürteln der Erde allzu sehr schwankt. Ägypten – um ein extremes Beispiel heraus zu greifen – erweist sich nach dem Maßstab Einw./km² als ein recht dünn besiedeltes Land, während in Wirklichkeit der Bevölkerungsdruck in den wenigen agrarisch nutzbaren Bewässerungsflächen beiderseits des Nil und im Nildelta geradezu dramatisch ist. Man muß also die

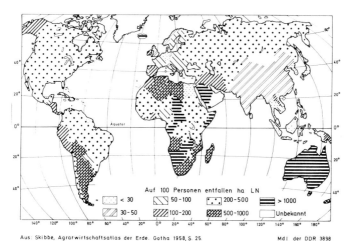

Aus: Skibbe, Agrarwirtschaftsatlas der Erde. Gotha 1958, S. 25.   MdI der DDR 3898
Auszugsweise Wiedergabe mit freundlicher Genehmigung der VEB Hermann Haack, Gotha.   O. Winkels Projektion

Abb. 16   Nutzflächenquoten im Weltagrarraum

Übersicht 14: Bevölkerungszahl und -dichte in Großräumen und Staaten 1982

Raum	Bevölkerung (in Mill.)	Anteil an der Weltbevölkerung (%)	Landober-fläche (%)	Bevölk.-dichte (Ew./km^2)	Arealitäts-ziffer (ha/Ew.)	physiologische Dichte (Ew./km^2)
Afrika	498	10,9	22,3	16	6,1	51
Ägypten	44,8			45	2,2	1 579
Äthiopien	30,5			25	4,0	39
Asien	2 671	58,3	20,3	97	1,0	249
Indien	713,8			218	0,5	395
Bangladesch	93,3			653	0,2	959
Nordamerika	256	5,6	15,8	12	8,4	51
Lateinamerika	378	8,2	15,1	18	5,4	56
El Salvador	5,0			234	0,4	391
Argentinien	28,6			10	9,7	16
Europa	488	10,6	3,6	99	1,0	213
Bundesrepublik	61,7			248	0,4	468
Frankreich	54,2			99	1,0	170
UdSSR	270	5,9	16,5	12	8,3	44
Ozeanien	24	0,5	6,3	3	35,4	5
Welt insgesamt	4 585	100,0	100,0	34	3,0	100

Quelle: World Population Data Sheet 1981 und 1982. – Zit. n. *Bähr, J.,* Bevölkerungsgeographie. Stuttgart 1983, S. 31.

Relation zwischen Bevölkerung und landwirtschaftlich nutzbarer Fläche herstellen, um zu einigermaßen vergleichbaren Werten zu gelangen (s. Abb. 16).

In seinen Abstufungen gilt dieses Kartenbild (Abb. 16) annäherungsweise heute noch, wie die Übersicht 5, S. 39 zeigt.

– *Den Industrieländern mit hoher Bevölkerungsdichte, aber auch sehr hoher ernährungswirtschaftlicher Tragfähigkeit* stehen gegenüber:

– *einmal übervölkerte Agrarländer Süd-, Ost- und Südostasiens*, der Bevölkerungsballungsraum der Welt schlechthin, der allerdings durch die Nutzbarmachung reichlich verfügbarer Wasservorräte für die Feldbewässerung, durch relativ gesunde agrarstrukturelle Verhältnisse, durch Fleiß, Innovationsbereitschaft, Anspruchslosigkeit und andere Tugenden eine außerordentlich produktive Ernährungswirtschaft entfaltete und zum anderen

– *die dünnbesiedelten, relativ menschenleeren Räume Afrikas und Lateinamerikas*, deren ernährungswirtschaftliche Tragfähigkeit infolge von Trockenheit und Dürrekatastrophen, überholter Latifundien-, Teilbau- und anderer Agrarverfassungen, sowie aus einer Fülle weiterer ökonomischer und sozialer Ursachenketten nicht einmal ihre geringe Bevölkerung angemessen und ausreichend zu ernähren vermögen, sondern großenteils zum Hungergürtel der Erde zählen (vgl. Abb. 3, S. 28 f.). Hier konzentriert sich das Welternährungsproblem.

In absoluten Werten werden die Nutzflächenquoten in fast allen Regionen der Erde von Jahr zu Jahr – sogar täglich – geringer (Abb. 17). Dem raschen Bevölkerungswachstum kann nämlich die Landnahme nicht annähernd im gleichen Tempo folgen.

Dem 1983 erschienenen UTB-Band von *Jürgen Bähr* verdanken wir eine Fülle detaillierter Einsichten in die Bevölkerungsstruktur und ihre Abstufungen im Weltwirtschaftsraum. An Hand einer Serie von auf Länderbasis entwickelten Weltkarten zeigt, *J. Bähr* beispielsweise:

– um wieviel stärker die *Urbanisierungstendenz* Südamerikas oder Australiens im Vergleich mit den süd-, südostasiatischen oder chinesischen Kulturerdteilen ist (S. 76);

– wie sehr sich die *Millionenstädte* in Nordwesteuropa und Nordost-USA konzentrieren (S. 80);

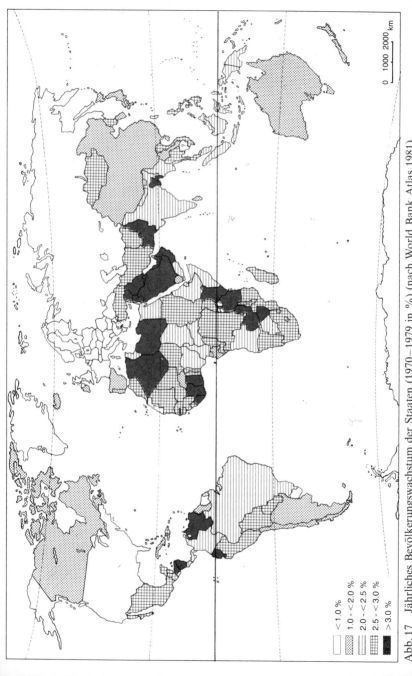

Abb. 17 Jährliches Bevölkerungswachstum der Staaten (1970–1979 in %) (nach World Bank Atlas 1981)

– daß das *Analphabetentum* in manchen Entwicklungsregionen, wie im Sahel oder auf Teilen der arabischen Halbinsel, noch heute 85% und mehr beträgt (S. 135);

– daß der *Beschäftigungsanteil des tertiären Sektors* in manchen Staaten der Erde wie in den USA, Kanada, Chile, Schweden oder Australien schon heute auf 60% und mehr angeschwollen ist (S. 140) oder

– daß die *durchschnittliche Lebenserwartung*, die heute zum Beispiel in den USA und dem größten Teil Europas auf 70 und mehr Jahre angestiegen ist, in den Sahelländern, Angola, Somalia, Afghanistan, Nepal usw. immer noch bei nur 40 bis 44 Jahren liegt und in Äthiopien noch bei bis zu 39 Jahren verharrt (S. 196).

3.1.2 Erwerbsstruktur

Die Abb. 18 gibt Einblick in die Erwerbsstruktur der Staaten und zeigt, daß in Äquatorialafrika, Madagaskar, Indien, Afghanistan, Thailand, Neuguinea, Botswana und in anderen Staaten um 1980 immer noch mehr als 70% aller Beschäftigten auf den primären Sektor entfielen, während dieser primäre Sektor andererseits in den USA, Kanada, Schweden, der Bundesrepublik Deutschland, Australien oder Neuseeland nur noch höchstens 10% aller Beschäftigten umfaßt.

Diese Kartenskizze spiegelt recht deutlich die Entwicklungsstufe der Volkswirtschaft wieder, die in der Abb. 14, S. 91, in einer Kartenskizze eingefangen wurde.

3.1.3 Einkommensdifferenzierung

Ziel und Ergebnis der wirtschaftlichen Entwicklung ist stets eine Verbesserung der Einkommensverhältnisse. Die Abb. 19 zeigt die regionale Differenzierung des Bruttosozialproduktes pro Kopf der Bevölkerung, eines Wohlstandsmaßstabes, der auch für die Entwicklungsländer von der FAO bereitgehalten und alljährlich veröffentlicht wird.

J. Bähr (1983, S. 133) verdanken wir auch Darstellungen über die globalen Weltbevölkerungs- und -einkommenspotentiale (vgl. Abb. 20).

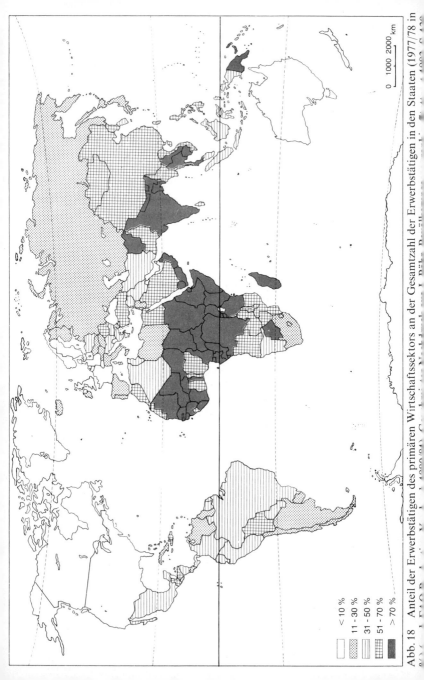

Abb. 18 Anteil der Erwerbstätigen des primären Wirtschaftssektors an der Gesamtzahl der Erwerbstätigen in den Staaten (1977/78 in %).

	< 10 %
	11 - 30 %
	31 - 50 %
	51 - 70 %
	> 70 %

0 1000 2000 km

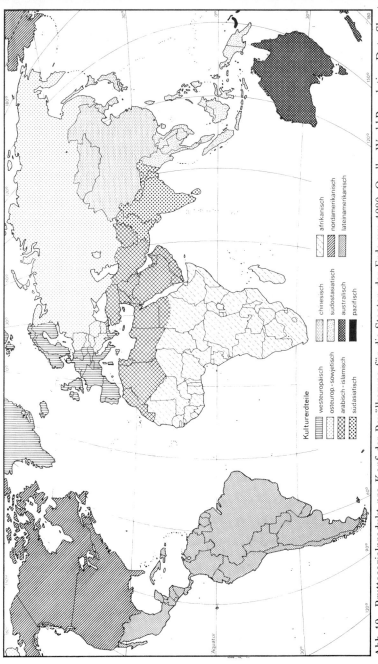

Abb. 19 Bruttosozialprodukt pro Kopf der Bevölkerung für die Staaten der Erde um 1980. Quelle: World Population Data Sheet 1981. Genehmigter Nachdruck aus J. Bähr, Bevölkerungsgeographie. Stuttgart 1983, S. 132

Kulturerdteile

westeuropäisch
osteurop.-sowjetisch
arabisch-islamisch
südasiatisch

chinesisch
südostasiatisch
australisch
pazifisch

afrikanisch
nordamerikanisch
lateinamerikanisch

Bevölkerungspotential
(in 1000 Einw./Meile^2)

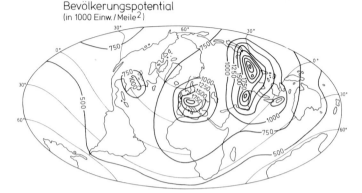

Einkommenspotential
(in Mill. US-Dollar/Meile^2)

Abb. 20   Weltbevölkerungs- und -einkommenspotential um 1960. Quelle: Wantz (1975). Genehmigter Nachdruck aus J. Bähr, Bevölkerungsgeographie. Stuttgart 1983, S. 133

3.1.4 Ernährungsdefizite und Hungerkatastrophen

Die Nahrungsdefizite, welche in großen Teilen der Welt zu beklagen sind (s. Abb. 21), sind zum guten Teil ein Ergebnis der Einkommensdifferenzierungen.

Die schicksalshafte Tatsache, daß auf dieser Erde Nahrungs-

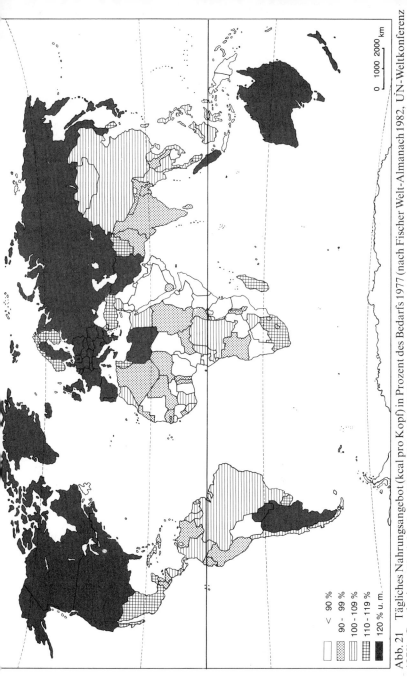

Abb. 21 Tägliches Nahrungsangebot (kcal pro Kopf) in Prozent des Bedarfs 1977 (nach Fischer Welt-Almanach 1982, UN-Weltkonferenz 1978). Genehmigter Nachdruck aus W.-D. Sick 1983, S. 23

0 1000 2000 km

< 90 %
90 - 99 %
100 - 109 %
110 - 119 %
120 % u. m.

mangel und Nahrungsüberfluß dauerhaft und kristenbürtig nebeneinander existieren, läßt sich doch nur so erklären, daß eine
allzu große Einkommensdifferenzierung den überregionalen
Austausch verhindert.

Die Hungerkatastrophen auf unserem Erdball haben jedoch
noch eine Reihe weiterer Ursachen. Die Tatsache, daß der afrikanische Kontinent zu 80% seiner Kulturflächen periodisch
oder permanent an Wasserüberfluß (Äquatorzone) oder an Wassermangel (im Wesentlichen beide Wendekreiszonen) leidet,
wirft wieder ein Schlaglicht auf die Naturabhängigkeit der
Landwirtschaft. Zum guten Teil ist für die Hungersnöte auch die
Tatsache verantwortlich, daß die getreideverarbeitende Veredelungsproduktion (Eier-, Geflügel- und Schweinefleischproduk-
tion) in Ländern wie Indien oder der Volksrepublik China bislang nur eine ganz untergeordnete Rolle spielt. Es fallen also nur
wenig Veredelungsverluste an, die man in Krisenzeiten durch
Direktverzehr des Getreides vermeiden könnte, wie es zum Beispiel die deutsche Ernährungswirtschaft in den beiden Weltkriegen erfolgreich tat.

Zum Teil fördern auch die Ernährungsgrundmuster Hungersnöte. In ihnen sind nämlch zum Teil pflanzliche Nahrungsliefe-
ranten verankert, die ein hohes Produktionsrisiko durch Witterung, Pflanzenkrankheiten, Schädlinge und so weiter in sich bergen.

3.1.5 Ernährungsgrundmuster der Völker

Ursprünglich schlagen ökologische Einflüsse stärker als ökonomische auf die Ernährungsgrundmuster der Bevölkerung
durch. Die Menschen haben sich zunächst immer von den in
ihrem jweiligen Lebensraum vorgefundenen Nahrungsstoffen
ernährt, zunächst auf der Wildbeuterstufe, dem Stadium der
frühen Sammelwirtschaft, in rein *okkupatorischer* Form als
Sammler, Jäger, Fischer und Hirten – wie die Buschleute, Pyg-
mäen, Aborigines oder Feuerländer. Später ging man – als man
an die Grenzen der Extension stieß – zu *exploitierenden Wirt-*
schaftsformen über. Die Stufe des Hackbaues, später die des
Pflugbaues, wurde erreicht. Zum Ernteaufwand traten Urbar-

machungs-, Anbau-, und Pflegeaufwand hinzu. Aus bloßem
Sammeln von Wildfrüchten, dem Fischfang und der Jagd der
Wildtiere wurde nun endlich Land*bau*. Erst seit dieser Zeit kann
man von Bauern sprechen, erst seit etwa 10 000 Jahren. Der
Wanderfeldbau (Shifting Cultivation) in den feuchten Tropen ist
ein für die Weltagrarwirtschaft noch heute bedeutendes Relikt
jener bodenausbeutenden Wirtschaftsformen und ist in seiner
Kulturstufe im Wesentlichen noch dem Neolithikum zuzurech-
nen. Doch auch die exploitierenden Wirtschaftsformen lehnen
sich in ihren Ernährungsweisen noch weitgehend an die natürliche Flora und Fauna an, da jedes Zuwiderhandeln gegen die
ökologischen Grundbedingungen stets Kostensteigerungen
oder Leistungsminderungen oder beides zugleich zur Folge hat.

Erst wenn bei weiterhin wachsender Bevölkerungsdichte auch
die bodenausbeutenden Wirtschaftsformen in ihrer ernährungs-
wirtschaftlichen Tragfähigkeit nicht mehr ausreichen, werden
kultivierende Formen der Bodennutzung erforderlich, die bald
durch eine Fülle technischer Fortschritte bei der Bodenbearbeitung, Düngung, Unkraut- und Schädlingsbekämpfung und in
anderen Bereichen begleitet werden. Die neuen technischen
Hilfsmittel des Landwirtes machen ihn zwar entscheidungsfreier
und geben ihm größeren Spielraum im Umgang mit den natürlichen Ressourcen; aber die jetzt größere Beherrschung der Naturkräfte ist doch mehr von gradueller als von prinzipieller Art.
Auch jetzt noch ist eine sachkundige Adapiton an die naturge-
setzlichen Wirkungszusammenhänge der ökonomisch richtige
Weg. Auch jetzt noch orientieren sich die Ernährungsgrundmuster der Menschheit weitgehend an die dem jeweiligen Lebensraum optimal angepaßten Nutzpflanzen und Nutztiere.

In der Übersicht 15 sind Angaben über insgesamt 20 Ernährungsgewohnheiten auf unserem Erdball nach Maßgabe der
wichtigsten Energieträger gemacht.

Hervorgehoben werden muß noch, daß die Ernährungsgewohnheiten der Völker sich zwar langsam, in größeren Zeiträu-
men aber doch merklich ändern. Die internationale Verkehrs-
entwicklung seit Erfindung des Dampfschiffahrt- und Eisen-
bahnwesens hat dazu viel beigetragen. Man schätzt z. B., daß
etwa die Hälfte der heute in Afrika angebauten Nahrungskultu-

Übersicht 15: Typologie wichtiger Ernährungsgewohnheiten in den Agrarregionen der Erde

Typ Nr.	Wichtigster Energieträger	Wichtige Proteinquellen	Beispiels-regionen	Bemerkungen
1.	Weizen, Kartoffeln, Zucker, Fleisch, Öle und Fette	Rind-, Schweine-, Schaffleisch, Milch und Milchprodukte	USA, südl. Kanada, Mittel-, Nord- u. Osteuropa, Australien, Neuseeland	Zonen ohne Ernährungsprobleme
2.	Weizen, Gerste, Hirse, Reis	Speiseleguminosen, an Flüssen Fische	Nordindien u. Pakistan	Weizen ist die Hauptmehlfrucht
3.	Weizen, Mais, Gerste, Reis, Fette u. Öle	Rinder-, Schweine-, Schaffleisch, Trockenbohnen, Kichererbsen	Südeuropa, Mittlerer Osten, Zentralsien, große Teile des nördl. Afrika	In Ländern des Islam kein Schweinefleisch. Nomaden weichen völlig ab: fast nur Milch- u. Fleischverzehr
4.	Weizen, Mais, Gerste, Kartoffeln	Trockenbohnen	Anden-Hochland (Ecuador, Peru, Bolivien)	
5.	Weizen, Mais, Reis, Zucker	Rindfleisch, Trockenbohnen	Brasilien außerhalb des Amazonasbeckens	
6.	Weizen, Mais, Kassawa (Maniok)	wie bei 5.	Paraguay und das Tiefland Boliviens	Maniok ist wichtiger als Getreide
7.	Reis	Trockenbohnen, Trockenerbsen	Nordost-Indien, Bangla Desh	Fisch hat nur lokale Bedeutung
8.	Reis, Weizen	Fische, Sojabohnen	Inselgruppen des südl. Japan; Taiwan	
9.	Reis, Mais, Bataten	Schweinefleisch, Fisch, Soja, Erdnüsse	Mittel-China	
10.	Reis, Mais, Bataten, Kokosnüsse, Kassawa	Fische, Soja, Erdnüsse, Trockenbohnen	Südost-Asien, Südchina, Indonesien, Malaysia, Philippinen	In den Städten steigt der Fleischkonsum, in China der Schweinefleischverbrauch

Typ Nr.	Wichtigster Energieträger	Wichtige Proteinquellen	Beispiels-regionen	Bemerkungen
11.	Reis, Mais, Bananen, Yam, Zucker, Kassawa	Trockenbohnen, Erbsen	Das Tiefland von Süd- u. Zentralamerika, Karibik	In der Gesamtregion hoher Zuckerkonsum
12.	Mais	Trockenbohnen	Hochländer Zentralamerikas	Ziemlich einseitige Kost
13.	Mais, Weizen, Kartoffeln	Rindfleisch, Trockenbohnen	Hochländer von Columbien u. Venezuela	
14.	Mais, Hirse	Trockenbohnen u. -erbsen, Kichererbsen, Linsen	Hochländer des östl. u. südl. Afrika	Geringer Fleischkonsum. In den Städten dominiert Typ 1
15.	Hirse, Mais, Reis, Yam, Taro, Bataten, Kassawa, Bananen	Trockenbohnen, u. -erbsen, Erdnüsse	Afrika südl. der Sahara u. Küstenebenen von Ostafrika; Kongobecken	Der Fleischkonsum ist sehr niedrig, auch der Milchverbrauch
16.	Hirse, Reis, Kassawa, Kokosnüsse	Fisch, Trockenbohnen, Linsen, Erdnüsse	Südindien u. Sri Lanka	Hoher Fischkonsum an den Küsten
17.	Hirse, Weizen, Mais, Kartoffeln	Schweine- u. Schaffleisch, Soja, Erdnüsse	Nordost-China	
18.	Gerste	Milchprodukte, Schaf- u. Ziegenfleisch	Nordwest-China	Trockengebiete
19.	Kassawa, Yam, Taro, Bananen, Kokosnüsse	Fische, Schweinefleisch	Tropische Pazifische Inseln	Beeinflussung durch andere Typen bzw. Ernährungsgewohnheiten
20.	Tierische Fette, Weizen	Fische, Wild	Subarktischer Klimakreis; Nordkanada, Nordrußland	

Quelle: Kariel, H.G.: A proposed classification of diet. Ann. Ass. Am. Geogr., 56 (1966), pp. 68–80. Zit. nach *Manshard, W.:* Tropical Agriculture. London und New York 1974, S. 33 ff.

ren ursprünglich aus Amerika stammen. Der Körnermais steht dabei in vorderster Reihe, jedenfalls im Afrika südlich des Sambesi oder in Kenia, in Ländern also, deren Preis/Kostenverhältnisse schon nennenswerte Mineraldüngergaben zulassen. Die Dattelpalme wanderte andererseits von Nordafrika nach Kalifornien. Die Wissenschaft hat die Wanderwege vieler Nutzpflanzen gut erforscht.

3.1.6 Das Wirtschaftswachstum insgesamt als Ursache

Die wirtschaftliche Entwicklung insgesamt ist durch folgende Merkmale gekennzeichnet:
1. Bevölkerungswachstum;
2. Immer weitere technische Fortschritte und damit Übergang zu immer neuen Produktionsfunktionen mit höherer Effizienz;
3. Verknappung und Verteuerung des Kulturbodens mit dem Zwang zu höherer Bodenproduktivität;
4. Verbilligung aller Kapitalgüter durch technische Fortschritte, volkswirtschaftliche Arbeitsteilung sowie Industrialisierung und dadurch
5. wachsende Arbeitsproduktivität mit der Folge steigender Arbeitseinkommen.

Alle diese Wachstumserscheinungen beeinflussen unter anderem auch die Marginalzonen des Agrarwirtschaftsraumes z. T. durchgreifend.

3.1.7 Marktwirtschaftliche Grundfragen

Liegt schon in diesen Projektionen eine ungeheure Herausforderung an die Weltagrarwirtschaft, so kommt als weitere Komponente der Nachfrage nach Nahrungsgütern noch die Steigerung des Realeinkommens hinzu. *H. E. Buchholz* (1980, S. 68) kam 1979 zu den in der Übersicht 16 verzeichneten Ergebnissen.

Für die Weltagrarwirtschaft bedeuten diese Zahlen, daß der Bedarf an Nahrung und anderen Agrargütern bis zur Jahrtausendwende um wenigstens 50% zunehmen und sich in der ersten

Übersicht 16: Das Wachstum der Nahrungsnachfrage in der Welt. Schätzung der jährl. Änderungsrate in % etwa für den Zeitraum 1975 bis 1980

Änderungsfaktor	Industrie-länder	Entwicklungs-länder
Bevölkerung	0,8	2,4
Reales Einkommen pro Kopf	3−4	2−3
Einkommenselastizität		
der Nahrungsnachfrage	0,1−0,2	0,4−0,7
Nahrungsnachfrage	1,5	4,0

Quelle: H. E. Buchholz 1980, S. 68.

Hälfte des nächsten Jahrhunderts nochmals mehr als verdoppelt wird (FAO 1981).

In ihrer Studie „Agriculture: Toward 2000" (Rom 1981) berechnete die FAO, daß das Wachstum der Nachfrage nach Agrarprodukten in 90 EL in der jüngsten Vergangenheit 3,1% p. a. betrug. Im Zeitraum 1980 bis 2000 wird es betragen:

- bei Fortsetzung dieses Trends   2,9% p. a.
- in einem Scenario A (hochgestreckte
  Wachstumsannahmen)   3,7% p. a.
- in einem Scenario B (mittlere Wachstumsannahmen)   3,2% p. a..

Auf der 18. Internationalen Konferenz der Agrarökonomen im Sommer 1982 in Jakarta sprach *Islam* von einem langfristigen Nachfragewachstum der EL nach Nahrungsgütern von 3,0% p. a., dem nur eine Angebotszunahme von jährlich 2,8% gegenüberstände. Dies bedeute einen zunehmenden Importbedarf. Bei etwa der Hälfte der EL läge das Nahrungsmittelangebot unter dem Ernährungsminimum. Ein verstärktes Wachstum der Agrarproduktion sei unausweichlich, damit die Ernährungslage verbessert, die Importabhängigkeit dieser Länder vermindert und ein bedeutsamer Beitrag zum gesamtwirtschaftlichen Wachstum geleistet werden könne (*S. Bauer* 1983, S. 422).

Die Übersicht 17 zeigt einige Ergebnisse von „Agriculture: Toward 2000" für wichtige Entwicklungsregionen.

Nach Projektionen dieser Studie werden die Ursachen des Produktionszuwachses in den 90 EL für den Zeitraum 1980 bis 2000 resultieren:

- zu 26% aus Landnahme (Erweiterung des Weltagrarraumes),
- zu 14% aus einer Erhöhung des Ackernutzungsgrades von 78 auf 86% (Hierdurch steigt die jährliche Erntefläche um 72 Mio. ha) und
- zu 60% aus Steigerungen der ha-Erträge.

Übersicht 17: Bevölkerung, Anbauflächen[1]), Getreideproduktion und Düngerverbrauch in 90 EL – Projektionen der FAO auf das Jahr 2000 nach Scenario B

Kennwert	Maßstab	Jahr	Afri-ka	Latein-amerika	Nah-ost	Fern-ost
Bevölkerung	Mio.	1980	370	363	213	1313
		1990	503	472	278	1653
		2000	668	601	353	2008
Anstieg	% p.a.	1980–2000	3,0	2,6	2,6	2,1
Anbaufläche	Mio. ha	2000				
nicht bewässert			237	241	70	199
bewässert			5	18	23	89
Sa.			242	259	93	288
Bevölk.-Dichte	Einw./ha	2000	2,8	2,3	3,8	7,0
Getreideprod.	Mio. t	1975/79	43	80	52	207
		2000	84	160	78	374
	kg/Kopf	2000	126	266	221	196
Düngerverbr.	Mio. t					
	NPK	1974/76	0,9	4,3	1,9	6,3
		2000	4,1	14,8	8,0	48,7
	kg NPK/	1974/76	5	25	22	24
	ha	2000	17	57	86	169

[1]) Ackerland + Dauerkulturen

Quelle: Agriculture: Toward 2000. FAO, Rom 1981. Zusammengestellt durch *G. Kemmler* 1983, S. 307.

Ertragssteigerungen werden einmal durch Erhöhung der Organisationsintensität, also durch Strukturwandlungen des Weltagrarraumes, und zum anderen durch Steigerungen der speziellen Intensität erzielt. Letztere erfolgt durch leistungsfähigere Pflanzensorten, Bewässerung, Düngung und Pflanzenschutz, leistungsfähigere Haustierrassen, Veterinärhygiene u.a. Interessanterweise schreibt die FAO also nur noch etwa ein Viertel des erwarteten Produktionszuwachses der Expansion des Weltagrarraumes zu.

3.2 Naturgeographische Gestaltelemente

Es ist Aufgabe der physischen Geographie, der natürlichen Ausstattung des Weltagrarraumes nachzugehen und aufzuklären, in welcher Weise der bunte Wechsel von Klima, Witterung, Bodentyp, Bodenart, Hanglage, Exposition und anderen Faktoren differenzierend auf die Agrarregionen wirkt. Hier in einem knappen Abriß einer Agrargeographie kann nur durch einige Kartenskizzen an den Fundus der physischen Geographie in aller Kürze erinnert werden.

3.2.1 Niederschlagsverhältnisse

Die Agrarbetriebsformen sind so mannigfaltig, daß der Landwirt gute Möglichkeiten hat, sich seinen Niederschlagsverhältnissen durch eine adäquate Entscheidung über das Bodennutzungsprogramm in weiten Grenzen elastisch anzupassen. Doch die Jahresmittel der Niederschläge auf unserem Erdball schwanken zwischen derart extremen Grenzwerten, daß die Farmer schließlich sowohl in den feuchtesten als auch in den trockensten Regionen in größte Schwierigkeiten gelangen und schließlich den Kampf gegen die Naturkräfte sogar aufgeben müssen.

Auf der aus Knaurs Großem Weltatlas nachgebildeten Weltniederschlagskarte (Abb. 22) ist davon auszugehen, daß die agronomische Trockengrenze bei etwa 300 mm Jahresniederschlag liegt und daß in Regionen mit mehr als 2000 mm Niederschlag Bewaldungstendenz, Unkrautwuchs, Makro- und Mikroerosion und andere Erschwernisse nur noch Primitivformen

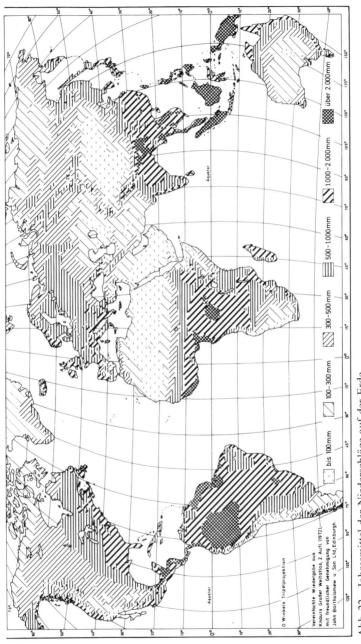

Abb. 22 Jahresmittel der Niederschläge auf der Erde

Legend:
- bis 100 mm
- 100–300 mm
- 300–500 mm
- 500–1000 mm
- 1000–2000 mm
- über 2.000 mm

O. Winkels Tripelprojektion

Vereinfachte Wiedergabe aus
Knaurs Großer Weltatlas, 2. Aufl. (1972)
mit freundlicher Genehmigung von
John Bartholomew u. Son Ltd, Edinburgh.

des Ackerbaues und bestimmte Baum- und Strauchkulturen –
und auch diese nur bei stark erhöhtem Aufwand – zulassen.
Schließlich gibt es sogar Feuchtgrenzen des Landbaues, die dem
Streben des Farmers unerbittlich Halt gebieten.

3.2.2 Bodenverhältnisse

Während die Niederschlagsverhältnisse den Landbau groß-
räumiger prägen, Agrarzonen und Agrarregionen gestalten,
differenzieren die Bodenverhältnisse die Bodennutzung auf en-
gerem Raume. Sie prägen die Agrarlandschaften, die einzelnen
Agrarbetriebe und Plantagen. Bei kleinflächigem Bodenarten-
wechsel wirkt der Boden sogar diversifizierend auf die Einzel-
farm, indem der Farmer den unterschiedlichen Bodenausstat-
tungen seiner Betriebsfläche durch die Einrichtung von zwei
oder drei sogenannten Schlagfruchtfolgen Rechnung tragen
muß.

So gibt es in Ostfriesland handtuchförmige Fluren, die von
der Küste sechs bis acht Kilometer in das Landesinnere reichen.
In extremen Fällen besitzen Marschbauern dort – ursprünglich
sogar aus gutem Grunde – sowohl in der küstennahen leichten
Ackermarsch als auch in der dahinter liegenden mittelschweren
Seemarsch als schließlich auch noch in der küstenfernsten und
am tiefsten gelegenen, degradierten schweren Seemarsch (Grün-
landmarsch) Parzellen. Einer meiner Testbetriebe wirtschaftet in
der Kehdinger Elbmarsch unter ähnlichen Verhältnissen. Was
ich auf diesem Betriebe und von seinen Nachbarn in mehr als
drei Jahrzehnten gelernt habe, war sicherlich weit mehr als der
Erkenntniswert eines akademischen Semesters für einen Durch-
schnittsstudenten. Überhaupt muß man immer die Problembe-
triebe suchen, wenn man sein funktionelles Denkvermögen
schulen will. Beispiele:

– Das Instrumentarium des Futterausgleiches lernt man nicht
auf der Halbinsel Cornvall beherrschen, sondern in Dornsavannen bei 300 mm durchschnittlicher Niederschlagshöhe und extremen jährlichen Niederschlagsamplituden, wie sie für die wendekreisnahen Zonen typisch sind.

– Will man eine geschickte Bodenbearbeitung erlernen, so suche man den Lehrbetrieb nicht in der Lüneburger Heide, wo der leichte Boden sich praktisch alles gefallen läßt, sondern beispielsweise im Bereiche der Triasformationen in Kurhessen.

– Wer als praktischer oder theoretischer Landwirt sattelfest werden will, muß wissen, daß sich die Naturgewalten in der Landwirtschaft nicht nur durch Boden und Klima auswirken. Er verzichte auf seine Sommerurlaube zugunsten ernster Studien in der Vegetationszeit. Wer zum Beispiel einmal das Glück hatte, von dem hervorragenden alpenländischen Betriebswirt Prof. Dr. *Ludwig Löhr* im Juni auf einer Agrarexkursion durch das Drautal Oberkärntens geführt zu werden, der weiß, wovon ich rede.

– Gute Gespannführer werden nicht in Kaltblutställen erzogen, auch nicht auf Betrieben mit Haflingern, sondern zum Beispiel auf Zuchtbetrieben des hannöverschen Warmblutpferdes, wo man es dauernd mit jungen Pferden einer Rasse mit nicht immer ganz einfachem Charakter zu tun hat.

– Will man betriebswirtschaftlich findig werden, so mache man es sich nicht so leicht, die Magdeburger oder Braunschweiger Börde zu besuchen, sondern man studiere die Verhältnisse auf der Münchner Schotterebene oder am Feldbergmassiv – um nur drei Beispiele zu nennen.

– Wer ein handfester Agrargeograph werden will, muß reisen, reisen und nochmals reisen. Die reichste Quelle der Erkenntnis ist nämlich der geographische Vergleich. Wer die Baum- und Strauchkulturen nicht nur des mediterranen Raumes, sondern auch diejenigen in den Höhenlagen Westkenias sowie diejenigen der Elfenbeinküste kennt, beginnt zu begreifen, daß alle verschieden und doch fast alle richtig wirtschaften.

– Neben dem geographischen Nebeneinander von heute ist ferner der Vergleich des Einst mit dem Jetzt, der historische Aspekt, ungeheuer erkenntnisfördernd. Die Wirtschaftsgeschichte ist eine Lehrmeisterin par excellence. Man darf ihre Interpretation nicht allein den Berufshistorikern überlassen, soviel man auch von jenen lernen kann. Wie lange haben Historiker und Philologen zum Beispiel an dem einen Satz aus *Tacitus* Germania herumgedeutet, bis endlich der Agrarökonom (und Agrargeograph) *Friedrich Aereboe* ihn richtigerweise so übersetzte:

Tacitus: arva per annos mutant et super est ager.
Aereboe: Die Saatfelder wechseln alljährlich und viel Land ist noch übrig.

Wir verdanken *Aereboe* mit dieser Interpretation die wichtige Erkenntnis, daß die alten Germanen zur Zeit des Tacitus die Umlagewirtschaft übten.

3.2.3 Phänologische Daten und weitere Faktoren

Die primären Naturfaktoren wie Klima, Boden, Geländegestalt, Exposition usw. finden dann in sekundären Naturfaktoren ihren Ausdruck, die als komplexe Faktorenkombination für den Agrargeographen von unmittelbarer Bedeutung sind. Nur als Beispiele seien hier die Andauer einer Temperatur von mindestens 5 Grad Celsius (Assimilationsschwelle unserer meisten mitteleuropäischen Kulturpflanzen) bzw. der abgestufte Beginn der Winterweizen-Ernte erwähnt. Wichtig ist weiter auch der Einzug des strengen Winters, das heißt der Zeitpunkt, an dem die Zuckerrübenernte und die Herbst-Pflugfurche beendet sein müssen. Aber dieses sind nur ganz fragmentarische Hinweise, welche sich leicht vervielfachen ließen, um der Naturgebundenheit der Landwirtschaft noch mehr Ausdruck zu verleihen.

Im Gebirge kommen außer den genannen noch eine Reihe weiterer Naturfaktoren als die Agrarlandschaft prägend hinzu.

3.2.4 Klimazonen und Landschaftsgürtel

Bei einem weltweiten Überblick über die Agrarzonen und Agrarregionen unseres Planeten ist das Klima der bei weitem wichtigste naturgeographische Gestaltungsfaktor. Die Agrargeographie hat deshalb seit ihren Anfängen nicht in dem Bemühen nachgelassen, immer neue und immer bessere Weltklimakarten zu entwickeln. Recht einfach und dennoch für den Agrargeographen sehr aussagekräftig ist beispielsweise die Weltkarte „Klimagebiete der Erde" nach *J. Hoffmeister, G. Schott* und anderen (Abb. 23). Von den neueren Klimaabgrenzungen und -kartierungen ist mit großem Abstand die farbige Weltkarte von *C. Troll* und *KH. Paffen* „Jahreszeitenklimate der

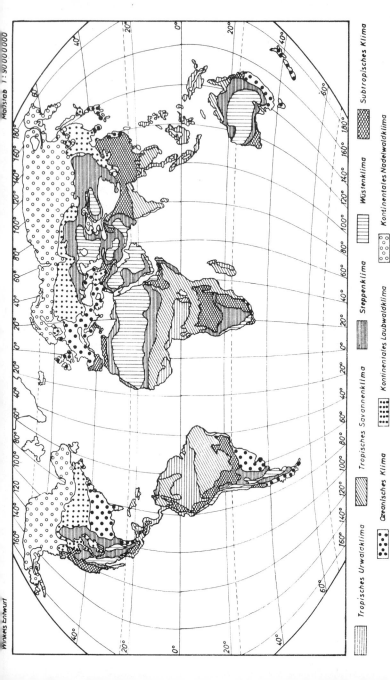

Maßstab 1 : 90000000

Winkels Entwurf

Tropisches Urwaldklima

Tropisches Savannenklima

Steppenklima

Wüstenklima

Subtropisches Klima

Kontinentales Laubwaldklima

Kontinentales Nadelwaldklima

Ozeanisches Klima

Nach: Diercke Weltatlas, 92 Aufl., Braunschweig 1957, S. 155.

Abb. 23   Klimagebiete der Erde (nach J. Hoffmeister, G. Schott u. a.)

Jahreszeitenklimate der Tropen und Subtropen

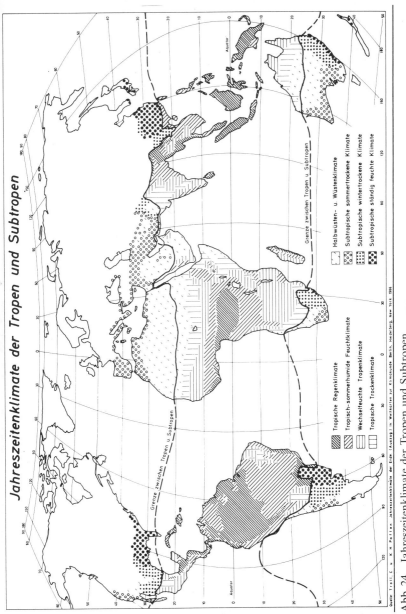

Quelle: Troll, C. u. K. H. Paffen: Jahreszeitenklimate der Erde (Auszug) in: Weltkarten zur Klimakunde. Berlin, Heidelberg, New York 1966

Abb. 24 Jahreszeitenklimate der Tropen und Subtropen

Humide und aride Monate und die Vegetations- und agrarischen Wirtschaftsformen in den

TROPEN

humide Monate	Vegetationsgürtel und Vegetationsformation	Anbau und Viehhaltung
12		
11	Tropischer Regenwald u. Bergwald (immergrün, ombrophil)	geringe Viehhaltung, meist Kleinvieh (Asien: Wasserbüffel)
10		
9	Feuchtgrenze d. Weidewirtschaft	Shifting Cultivation / Gartenbau / Reis – Sawahs / bäuerliche Pflanzungen / Plantagen usw.
8	Feuchtsavanne / Grasflur: Hochgrassavanne (-steppe) mit Galeriewäldern (edaph. Subtypen) Gehölzflur: Monsunwald	zunehmende Großviehhaltung (z.I. seuchen-gefährdet, z.B. Tsetse) / nur Subtropen: z.I. Getreidebau
7	Trockensavanne Grasflur: Trockensteppe Gehölzflur: (regengrüner) Trockenwald (z.B. Miombo)	nur Savanne: Jahreszeiten-feldbau und Pflugbau / Winterhumid Mediterran-kulturen / Sommerhumid vorw. subtrop. Getreidebau
6		klimatische Trockengrenze
5		verschiedene Anbauformen / Weidewirtschaft herrscht vor
4	Dornbuschsteppe (z.B. Caatinga)	agron. Trockengrenze
3	Shrub / Salzsteppe	Neue Welt: Viehformen; Alte Welt: Nomaden / u. Dry Farming, auch Anbau mit künstl. Bewässerung (Oasen)
2	Halbwüste	Trockengrenze d. Viehhaltung
1	Dorn-Strauch- u. Sukkulentensteppe	episodisch Nomaden, Jäger u. Sammler
0	Wüste	Trockengrenze d. Ökumene

SUBTROPEN

Vegetationsgürtel und Vegetationsformation	aride Monate
Argentinien: feuchte Pampa	0
Subtrop. u. temperierte Feuchtwälder	1
	2
Winterhumid	3
Winterhumid (feuchtes) Hartlaub-gehölz / Subtrop. Grassteppe	4
	5
z.B. Pampa	6
(trockenes) Hartlaubgehölz	7
	8
Dornsteppe / Dorn- und Sukkulentensavanne	9
	10
Halbwüste / Wüstensteppe z.B. Karru	11
Wüste	12

Viehhaltung vorwiegend in gemischt-bäuerlichen und Farmbetrieben
Winterhumid bäuerl. Viehhaltung z.I. Transhumance; (Neue Welt: Viehformen) Sommerhumid starke Viehhaltung
Neue Welt: Viehformen; Alte Welt: Nomaden

Quelle: Uhlig, H.: Weidewirtschaft in den Trockengebieten. Gießener Beiträge zur Entwicklungsforschung I (1965)

Abb. 25

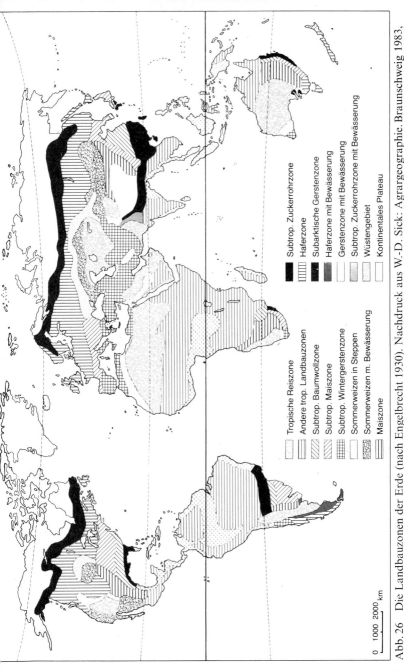

Legende:

- Tropische Reiszone
- Andere trop. Landbauzonen
- Subtrop. Baumwollzone
- Subtrop. Maiszone
- Subtrop. Wintergerstenzone
- Sommerweizen in Steppen
- Sommerweizen m. Bewässerung
- Maiszone
- Subtrop. Zuckerrohrzone
- Haferzone
- Subarktische Gerstenzone
- Haferzone mit Bewässerung
- Gerstenzone mit Bewässerung
- Subtrop. Zuckerrohrzone mit Bewässerung
- Wüstengebiet
- Kontinentales Plateau

0 1000 2000 km

Abb. 26 Die Landbauzonen der Erde (nach Engelbrecht 1930). Nachdruck aus W.-D. Sick: Agrargeographie. Braunschweig 1983, S. 151

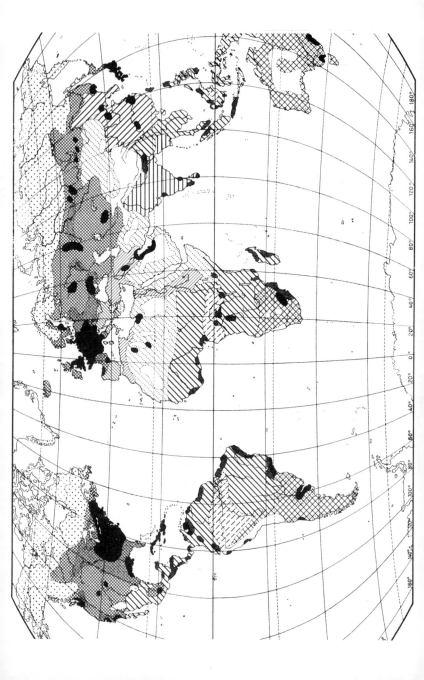

Abb. 27   Wirtschaftsformationen (nach H. Hambloch). Mit freundlicher Genehmigung von Autor und Verlag nachgebildet aus: H. Hambloch, Allgemeine Anthropogeographie, 5., neubearb. Aufl. (Erdkundliches Wissen, H. 15). Franz Steiner Verlag, Wiesbaden 1982, Abb. 39 im Anhang

I   Naturraum der Anökumene,

II   Subpolarer Rohstoffergänzungsraum in der Tundra; vereinzelt autarke, traditionelle Wirtschaftsformen und strategische Stützpunkte,

III   Subpolarer Rohstoffergänzungsraum in der Taiga; autarke, traditionelle Wirtschaftsformen und agrare Pioniersiedlungen,

IV   Nomadische Weidewirtschaft, punkthaft Oasen und Rohstoffgewinnung, Übergänge zu IX und XII,

V   Autarke Wirtschaftsformen auf primitiver Stufe im tropischen Regenwald,

VI   Traditionelle Agrarwirtschaft überwiegend ohne Pflug im tropischen und randtropischen Bereich, unzusammenhängende Kulturlandschaft wie bei allen vorangehenden Formationen,

VII   Traditioneller Pflugbau im ost- und südostasiatischen Kulturraum,

VIII   Traditioneller Pflugbau im indischen Kulturraum,

IX   Traditioneller Pflugbau im orientalischen Kulturraum,

X   Pflugbau in Südeuropa, Formation stärker industrialisiert als VI bis IX,

XI   Europäisch überformte Agrarwirtschaften auf der Südhalbkugel, mit Kerngebieten intensiver Betriebssysteme und industrieller Entfaltung,

XII   Technisierte Agrarwirtschaften, stark von Industrie durchsetzt, mit Kernräumen und Ausstrahlungsregionen,

XIII   Plantagen,

XIV   Formation der urbanisierten Industriegesellschaft.

Erde" überlegen. Sie liegt der 2. Aufl. meines Lehrbuches „Agrargeographie" in einer Rückentasche bei. Hier sei nur ein vereinfachter Ausschnitt über die Jahreszeitenklimate der Tropen und Subtropen (Abb. 24) wiedergegeben. Die Abbildung 25 gibt eine Fülle agrarischer Erläuterungen dazu.

Im Hauptkapitel 5 wird zu zeigen sein, daß sich die Landschaftsgürtel der Erde recht gut den *Troll/Paffen*'schen Jahreszeitenklimaten zuordnen lassen.

3.3 Wirtschaftsformationen

Letzten Endes muß es das vornehmste Ziel allen agrargeographischen Bemühens sein, die räumlichen Differenzierungen im Weltagrarraum kartographisch einzufangen. Von den zahlreichen wertvollen Arbeiten in dieser Richtung sei hier nur die alte, aber immer noch recht aussagekräftige Weltkarte von *Thies Hinrich Engelbrecht* (1930) wiedergegeben sowie die 1982 zuletzt erschienene Weltkarte „Wirtschaftsformationen" von *Hermann Hambloch*, die sehr viel hergibt und die die Grundlage für ein einsemestriges Seminar bilden könnte. Wer die statistischen Schwierigkeiten kennt, mit denen jeder konfrontiert wird, der Weltbilder zu kartographieren versucht, muß dieser Karte das Prädikat genial zuerkennen.

4 Marginalzonen im Weltagrarraum

4.1 Die Expansion des Weltagrarraumes als Gegenwartsproblem

Die Weltbevölkerung nähert sich der 5-Mrd.-Grenze. Die UNO erwartet im Jahre 2000 etwa 6,3 Mrd. Menschen. Um das Jahr 2110 sollen es etwa 10,5 Mrd. sein. Nach Projektionen der FAO wird der Weltnahrungsbedarf bis zum Jahre 2000 um wenigstens 50% zunehmen und sich in der ersten Hälfte des nächsten Jahrhunderts nochmals mehr als verdoppeln müssen (FAO 1981).

Grundsätzlich kann die Nahrungserzeugung der Landwirtschaft auf drei Wegen gesteigert werden:

1. durch *Erhöhung der Bewirtschaftungsintensität* mittels verstärktem Einsatz der Bewässerung, der Mineraldüngung, des Pflanzenschutzes, von genetisch höherwertigem Pflanzen- und Tiermaterial usw.;

2. Durch *Erhöhung der Organisationsintensität*, d. h. durch sukzessiven Ersatz von Extensivzweigen durch Intensivzweige, also z. B. von Getreide durch Knollen- und Wurzelfrüchte oder von der Rindermast durch Milchproduktion und

3. durch *Erweiterung des Agrarwirtschaftsraumes* über seine gegenwärtigen Grenzen hinaus.

Die Grenzen des Agrarraumes können durch Kälte, Trockenheit, Feuchtigkeit, Bodenversalzung, allzu große Marktentfernung u. a. gezogen sein. Dementsprechend spricht man von Polargrenzen, Höhengrenzen, Trockengrenzen, Feuchtgrenzen, Siedlungsgrenzen, Verkehrsgrenzen usw. Es ist gar nicht so ganz einfach, diese Grenzen des Agrarwirtschaftsraumes zu definieren. Für alle gilt, daß sie keine Linien, sondern Zonen sind und daß man innerhalb dieser Grenzzonen drei verschiedene Grenzlinien zu definieren hat:

1. Die *effektive Grenze*, bis zu der die landwirtschaftliche Nutzung nach der Bodennutzungsstatistik tatsächlich geht;
2. die *Rentabilitätsgrenze*, d. h. die Grenze, wo der Gewinn den Nullwert erreicht und
3. die *technologische Grenze*, d. h. diejenige Grenze, bis zu der die Landbewirtschaftung nach dem jeweiligen Stand der Technik getrieben werden könnte, wenn man auf Wirtschaftlichkeitserwägungen verzichtete.

Hier ist nur von der ersten, der effektiven Grenze die Rede. Bei großer Bevölkerungsdichte, geringen Einkommensansprüchen und Nahrungsknappheit schiebt sie sich an die Rentabilitätsgrenze heran oder deckt sich sogar mit ihr, obwohl die Rentabilitätsgrenze sich unter solchen Bedingungen wegen hoher Preise für Agrarprodukte auch hinausschiebt. Unter den definierten Bedingungen liegen die drei Grenzen also nahe beieinander, d. h. die Grenzzone ist schmal.

Anders bei niedrigen Preisen für Agrarprodukte und hohen Einkommensansprüchen der ländlichen Bevölkerung. Die effektive Grenze zieht sich dann aus den marginalen Standorten zurück, während die technologische Grenze durch weit hinausgeschobene Vorposten gekennzeichnet ist. Die Grenzzone ist also breit und innerhalb dieser Grenzzone spielt sich z. B. das ab, was wir heute als Höhenflucht in den westeuropäischen Mittelgebirgen oder im Apennin bezeichnen. Hier sinkt die Höhengrenze des Agrarraumes. Eine analoge Erscheinung findet sich heute im Halbwüstengelände rund um die Sahara, wo allzu karge Hutungen nicht mehr genutzt werden. Die Trockengrenze des Agrarraumes zieht sich hier zurück, die effektive Trockengrenze distanziert sich von der technologischen.

Es ist naheliegend, daß heutzutage die umgekehrte Bewegung, die Ausweitung der Agrarwirtschaftsgrenzen stärker und häufiger ist. So werden z. B. in den tropischen Regenklimaten bei geringer Besiedlungsdichte die Grenzen der Landwirtschaft durch jede neue Straße, jede neue Eisenbahn hinausgeschoben. Ein breites Band von Siedlerbetrieben entsteht rechts und links dieser Verkehrsadern, weil diese zwar nicht die räumliche, wohl aber die wirtschaftliche Entfernung zum Markt verkürzen, so daß sich die effektive Verkehrsgrenze in exzentrischen Ringen um den Marktort erweitern kann. Die Ketten der Siedlerbetriebe, die sich auf diese Weise im Amazonas- oder im Kongobecken in die Urwaldregion vorschieben, haben dann bald flecken- oder stadtähnliche Siedlungen zur Folge, so daß sich auch die räumliche Marktentfernung verkürzt und weitere Siedlungen an der Peripherie existenzfähig werden. Aus dem Gesagten geht schon hervor, daß die Grenzen des Agrarwirtschaftsraumes nicht nur ökologisch, sondern auch ökonomisch bedingt sein können.

4.2 Ökologische Grenzen der Farmwirtschaft

Im folgenden ist zunächst zu zeigen, welche Charakterzüge die einzelnen ökologisch bedingten Grenzen des Agrarwirtschaftsraumes besitzen und wo sie etwa verlaufen.

4.2.1 Polargrenzen

Die Polargrenzen der Kulturpflanzen sind für die Industrieländer wichtiger als für die Entwicklungsländer.

Nach der Abbildung 28 rücken Kartoffeln und S. Gerste am weitesten in den hohen Norden vor, etwa bis zum 70. Grad n. Br. Der Weizen dagegen findet sich nur etwa bis zum 63. Grad und kann nur in Westnorwegen durch den Golfstromeinfluß weiter nach Norden vorgeschoben werden. Die nördliche Anbaugrenze von Betarüben deckt sich etwa mit der Nordgrenze der schwedischen Ostgötaebene (61° n. B.). Der Körnermaisbau bietet ein gutes Beispiel dafür, wie Züchtungsfortschritte die Polargrenzen hinausschieben können: Er hat in den letzten drei Jahrzehnten einen wahren Siegeszug durch Mitteleuropa vollbracht.

Die Karte 28 zeigt, daß durch Südeuropa die Polargrenze einiger für Entwicklungsländer äußerst wichtiger Nutzpflanzen zieht: des Reises, des Ölbaumes, der Zitrusfrüchte oder der Baumwolle.

Richten wir nunmehr unsere Beobachtungen an Hand der Abbildung 29 und der Übersicht 18 schrittweise beim Äquator beginnend in die mittleren und höheren Breiten, so läßt sich etwa folgendes sagen:

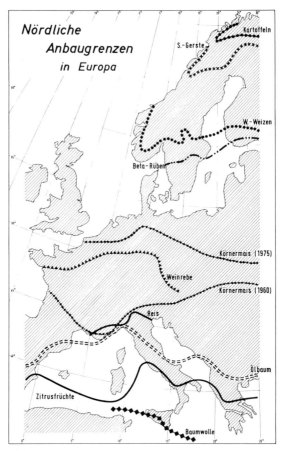

Abb. 28

– Besonders äquatornahe Standorte bevorzugen die Kokos- u.
Ölpalme (Polargrenzen 15 bzw. 16° n. Br.).
– Auch Sisalagave, Kakao, Kaffee, Banane, Maniok und Kaut-
schuk besitzen sehr niedrige Polargrenzen von 19 bis 25° n. Br.,

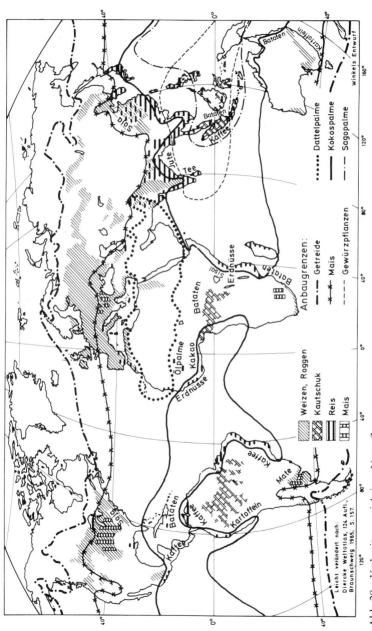

Abb. 29 Verbreitung wichtiger Nutzpflanzen

Anbaugrenzen:
———•—— Getreide
——×—— Mais
— — — Gewürzpflanzen

······ Dattelpalme
——— Kokospalme
—·—·— Sagopalme

Weizen, Roggen
Kautschuk
Reis
Mais

Leicht verändert nach:
Diercke Weltatlas, 124 Aufl.,
Braunschweig 1965, S. 157

Winkels Entwurf

Übersicht 18: Polargrenzen einiger Nutzpflanzen in Grad nördl. Breite (Annäherungswerte)

Nutzpflanzen tropischer Klimate		Nutzpflanzen tropischer und subtropischer Klimate	
Kokospalme	15°	Bataten	35°
Ölpalme	16°	Baumwolle	38°
Sisalagave	19°	Zuckerrohr	39°
Kakao, Arabica-Kaffee	22°	Erdnuß, Tee	41°
Bananen, Maniok	23°	Zitrus	42°
Kautschuk	25°	Sojabohne	45°
Nutzpflanzen tropischer, subtropischer und gemäßigter Klimate		Nutzpflanzen subtropischer und gemäßigter Klimate	
Hirse	45°	Ölbaum	45°
Reis	52°	Weinrebe	51°
Tabak	53°	Beta-Rüben	61°
Körnermais	54°	Weizen	63°
Bohnen (Phaseolus)		Gerste, Kartoffeln	70°

Quellen: Franke, G. et al.: Nutzpflanzen der Tropen und Subtropen. Bd. I u. II. Leipzig 1980 u. 1981. – *Schütt, P.:* Weltwirtschaftspflanzen. Berlin u. Hamburg 1972.

weil sie ihr physiologisches Optimum unter feuchttropischen Bedingungen finden.
– Weiter nach Norden stoßen Bataten, Baumwolle, Zuckerrohr, Erdnuß, Tee und Zitrus vor, bis zum 35. bis 42. Grad n. Br., also bis in die Subtropen. Dies, obwohl einige von ihnen, wie Bataten oder Zuckerrohr, auch unmittelbar am Äquator einen geeigneten Standort finden.
– Schließlich gibt es Kulturpflanzen der Tropen, die weit in das gemäßigte Klima hineinragen, wie Soja, Reis oder Körnermais (45 bis 54° n. Br.). Sie sind auf Grund ihrer großen ökologischen Streubreite Weltnahrungsfrüchte par excellence.

4.2.2 Höhengrenzen

Die Höhengrenze des Anbaues scheidet im Vergleich zur Polargrenze und zur Trockengrenze nur kleine Inseln aus der Gesamtflur der Erde aus. Sie ist ihrem Wesen nach eine Kältegrenze und ist demzufolge der Struktur nach der Polargrenze ähnlich, in die sie auch in hohen Breiten unmerklich übergeht. Daneben spielt das Relief eine entscheidende Rolle.

Das Verteilungsbild der Nutzpflanzen nach der Differenzierung der Polargrenzen findet sich bezüglich der Gliederung nach Höhenstufen nur sehr verzerrt wieder (vgl. die Übersicht 18).

Zum einen gibt es Kulturpflanzen, deren Polar- und Höhengrenzen gleichermaßen eng gesteckt sind, wie bei Kokospalme, Ölpalme, Kakao oder Kapok.

Zum anderen bieten S. Gerste, Kartoffeln, auch Weizen, Beispiele von Nutzpflanzen, die polwärts als auch höhenmäßig extrem weit vordringen.

Schließlich gibt es Pflanzen, deren Höhengrenze aber weit gezogen ist, wie Sisal, Teff, Pyrethrum, Tee oder Passionsfrucht *und endlich* – solche, die zwar weit zum Pol vorstoßen, aber Höhenlagen meiden. Zu letzteren zählen Beta-Rüben, Sojabohnen, auch Erdnüsse. –

In der Abbildung 30 sind die Höhenstufen einiger Kulturpflanzen in vier kleineren Ländern vergleichbarer geographischer Lage, nämlich der Äquatorzone, aufgezeichnet. Es ergeben sich drei interessante Tatbestände:

1. Von den neun erfaßten Kulturpflanzen besitzen nur drei ein *Höhenminimum*: Kaffee ab 950, Kartoffeln ab 1 600 und Weizen ab 2 000 m üb. NN. Es gibt aber weitere ausgesprochene Höhenpflanzen, die in der Äquatorzone erst von mindestens folgenden Höhen über dem Meere ab angebaut werden: Tee und Baumwolle 500 m, europäisches Gemüse 700 m, Chinarinde 1 000 m, Teff und Kletterbohnen 1 300 m, Rotklee 1 500 m, Passionsfrucht 1 600 m und Pyrethrum 2 100 m.

2. Trotz vergleichbarer geographischer Lage zeigen die Höhengrenzen zum Teil beträchtliche *länderspezifische Unterschiede*, die überwiegend reliefbedingt sind. So steigt der Körnermais auf Java nur bis zu einer Höhe von 1 800 m an, während er in Kenia

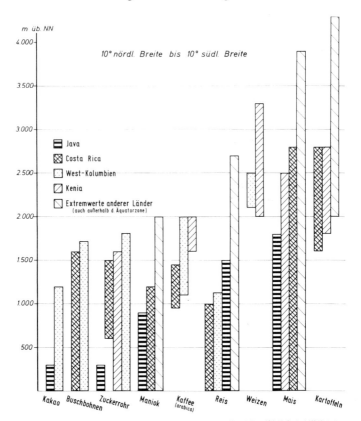

Abb. 30   Effektive Höhenstufen von Nutzpflanzen in der Äquatorzone

noch in 2 500 und in Costa Rica sogar noch in 2 800 m Höhe angebaut wird.

3. Die *Höhenspanne des Anbaues* ist bei den einzelnen Kulturpflanzen sehr unterschiedlich. Eine geringe Höhentoleranz be-

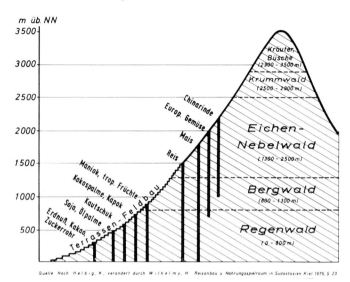

Quelle: Nach Helbig, K., verändert durch Wilhelmy, H.: Reisanbau u. Nahrungsspielraum in Südostasien. Kiel 1975. S 23

Abb. 31 Höhenstufen von Nutzpflanzen auf Java im Vergleich zur Naturvegetation

sitzt Coffee arabica, der nur von 950 bis 2 000 m NN, also nur in einer Höhenspanne von 1 050 m kultiviert wird. Demgegenüber wird Körnermais von 0 bis 2 800 m üb. NN angebaut.

Die Abbildung 31 schematisiert schließlich noch den Terrassen-Feldbau auf Java und stellt auf den verschiedenen Höhenstufen die Kulturvegetation der Naturvegetation gegenüber.

Wie sehr die Höhenstufung wichtiger Weltwirtschaftspflanzen landschaftsprägenden Charakter annehmen kann, zeigt der Teeanbau in Sri Lanka, dere sich wie folgt darstellt (*U. Schweinfurth* 1966, S. 301):

bis 500/600 m NN: Tee lokal angebaut, zum Teil einzelne Sträucher als Cash Crop in Bauernbetrieben. Mindere Qualitäten für den Inlandsmarkt und für Export in arme Länder;

500/600 bis 1 000/1 200 m NN: Übergangsbereich zwischen bäuerlicher und Plantagenwirtschaft. Höhenstufe der Dual

Economy. In den Tälern Reisanbau, an den Hängen Teepflan-
zungen;
1 000/1 200 bis 2 300 m NN: Teelandschaft, Teemonokultur. Das
Dasein der Menschen wird allein vom einseitigen Teeanbau geprägt.

4.2.3 Trockengrenzen

Viel wichtiger als die Höhengrenzen sind bei weltweiter Schau
die Trockengrenzen des Agrarwirtschaftsraumes. Sie stellen sich
als breites Band, als Zone dar, in welcher leistungsschwache
aber trockenholde Betriebsformen mit solchen konkurrieren,
welche eine noch größere Trockenheitstoleranz mit einer noch
größeren Leistungsschwäche erkaufen, bis der Mensch schließlich den Kampf gegen Trockenheit und Dürre verloren gibt.

Die trockenheitstoleranten Betriebsformen gruppieren sich
um jene Achse, die man als agronomische Trockengrenze, als
Trockengrenze des Regenfeldbaues bezeichnet. Diese verläuft in
den Tropen zwischen der Trocken- und der Dornbuschsavanne
bei etwa 8 1/2 ariden Monaten und in den Subtropen zwischen
der Hartlaubgehölzzone und der Dornsteppe bei etwa 8 ariden
Monaten.

Die jährliche Niederschlagsmenge an der agronomischen
Trockengrenze oder besser Trockengrenzzone liegt in Afrika bei
250 bis 400 mm, im Iran bei 300 mm und in Arabien und Innerasien bei 350 bis 400 mm. Bei sehr ungünstiger Niederschlagsverteilung liegt diese kritische Grenze wesentlich höher, in Teilen
Ostafrikas bei 600 mm und in manchen Zonen der Randtropen
sogar bei 1 000 mm Jahresniederschlag. Läßt man die zuletzt
genannten Extreme außer Betracht und vergleicht man Norm-
Niederschlagshöhen mit den Niederschlagsansprüchen der
Nutzpflanzen in der Übersicht 19, so wird deutlich, wie arten-
arm die Kulturpflanzengemeinschaft in der Nähe der agronomischen Trockengrenze ist. Dies trifft um so mehr zu als innerhalb
der Wendekreise praktisch fast nur Hirse und Erdnuß, außerhalb der Wendekreise fast nur Weizen und Gerste zur Verfügung
stehen.

Die Abbildungen 32 bis 34 vermitteln einen Eindruck vom

Übersicht 19: Trockengrenzen einiger Nutzpflanzen und Farmsysteme. Annäherungswerte in mm Jahresniederschlag

A. Nutzpflanzen nach Klimaansprüchen

Stub: Tropen

Tropen und Subtropen		Tropen, Subtropen und gemäßigtes Klima	Subtropen und gemäßigtes Klima
Bananen 2000	Tee, Yam 1500	Reis 800	Zuckerrüben 450
Kautschuk, Ölpalme 1500	Zuckerrohr 1400	Körnermais 760	Kartoffeln 400
Kakao, Kokospalme 1300	Zitrus 1000	Bohnen (Phaseolus) –	Trock.erbsen (Pisum) 300
Arabica-Kaffee 900	Baumwolle, Batate 500	Tabak 500	Weizen 300
Maniok, Kenaf 500	Sesam 400	Hirse 250	Gerste 250
Sisal 250	Erdnuß 300		Ölbaum 200

B. Farmsysteme

Trockenfeldbau	Weidewirtschaft
Trockenfarmerei mit 33 % Brache 500	Milchproduktion 400
Erdnuß-Hirse-Fruchtfolge 350	Mutterkuhhaltung mit Magerviehaufzucht 350
Trockenfarmerei mit 50 % Brache 250	Magerviehaufzucht mit Kälberzukauf 300
Steppen-Umlagewirtschaft 150	Woll- oder Pelzschafhaltung 200

Quellen: Andreae, B.: Die Farmwirtschaft an den agronomischen Trockengrenzen. Erdkundliches Wissen, H. 38. Wiesbaden 1974, S. 22ff. – *Franke, G.,* et al.: Nutzpflanzen der Tropen und Subtropen. Bd. I (3. Aufl.) und Bd. II (3. Aufl.). Leipzig 1980 u. 1981. – *Schütt, P.:* Weltwirtschaftspflanzen. Berlin und Hamburg 1972.

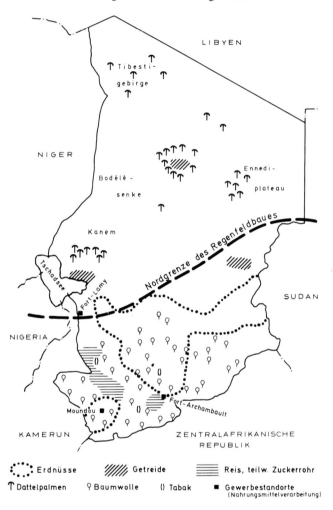

Abb. 32   Die Nordgrenze des Regenfeldbaues im Tschad. Quelle: Länderkurzberichte, Tschad 1972 (Allg. Stat. d. Auslandes. Hrsg.: Stat. Bundesamt Wiesbaden). Stuttgart u. Mainz 1972, S. 5

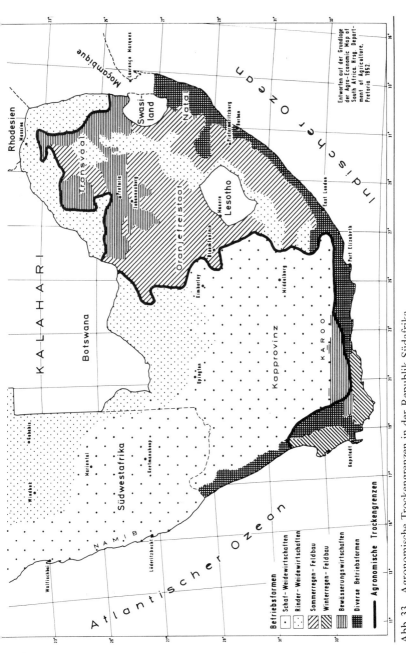

Abb. 33   Agronomische Trockengrenzen in der Republik Südafrika

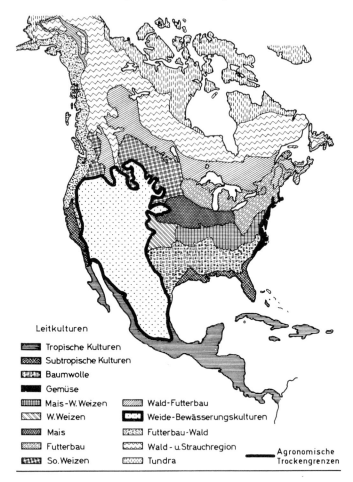

Leitkulturen

▬ Tropische Kulturen	
▨ Subtropische Kulturen	
▦ Baumwolle	
■ Gemüse	
▥ Mais-W.Weizen	▨ Wald-Futterbau
▨ W.Weizen	▨ Weide-Bewässerungskulturen
▨ Mais	▨ Futterbau-Wald
▨ Futterbau	◇ Wald- u.Strauchregion
▨ So.Weizen	▨ Tundra

▬▬▬ Agronomische Trockengrenzen

Abb. 34   Agronomische Trockengrenzen in Nordamerika. Nach O.E.
Baker in: Klimm, Starkey u. Hall, Introductory Economic Geography,
2. Aufl. New York 1940, S. 312

Verlauf der agronomischen Trockengrenzen unter verschiedenen ökologischen und ökonomischen Bedingungen.

Die in der Übersicht 19, S. 133, aufgeführten trockenheitstoleranten Farmsysteme verfolgen Grundprinzipien dieser Art:

A. *Trockenfeldbau* (Feuchtseite der Trockengrenze):

1. Bevorzugung kurzlebiger Feldfrüchte wie insbesondere Erdnuß, Hirse und S. Gerste;

2. Einschub von Schwarzbrache in die Fruchtfolgen, weil der nackte Boden weniger Wasser verdunstet als ein Pflanzenbestand, so daß ein Teil der auf die Brache niedergehenden Regen für die Folgefrucht konserviert wird;

3. Umlage des Körnerfruchtbaues in der Savanne bzw. Steppe

M i t t e l m e e r

Grundwasser-spiegel	Flüsse	Trockenheit	Index %/ 65	Jahres-nieder-schlag mm	Landwirtschaftliche Bodennutzung	
					Feldbau	Baum- u. Strauchkulturen
Mehr oder weniger überall vorhanden	Größere führen dauernd Wasser, doch im Sommer sehr schwach. Z.T. Auflösung in Tümpel oder versiegen	Feucht / örtlich trocken	70 / 75	900 / 800 / 700 / 600 / 500	Vielseitige Landwirtschaft im Küstengebiet	
					Weizen, Frühgemüse, z.T. bewässert	Wein, Agrumen auf Bewässerung
					Weizen im Tell	Ölbäume im Tell auch Wein u.a.
In Ebenen u. Wellenland z.T. flächenhaft vorhanden	Fremdlingsflüsse dauernd, andere nur periodisch	Trocken / Steppe (semiarid)	80 / 85 / 90	400 / 300 / 200	Weizen u. Gerste auf dem Hochland, dazu Leguminosen im Tiefland	Wein u. Ölbäume im oranischen Tiefland
					Agronomische Trockengrenze	
	Nur episodisch	Vollwüste	95 / 100	100	Unregelmäßiger Weizen- u. Gerstenanbau der Nomaden	Dattelpalmen in Oasen
Im östl. Erg flächenhaft vorhanden						

Hirtennomadentum

S a h a r a

Abb. 35   Trockenheitsgrad und Landnutzung in Algerien. Quelle: Jaeger, F.: Trockengrenzen in Algerien. Pet.-Mitt. Erg. Heft 233, 1936. Abgeändert entnommen aus: Otremba, E.: Allgemeine Agrar- und Industriegeographie. Stuttgart 1953, S. 48

zur Nutzbarmachung akkumulierter Bodenfruchtbarkeit, also wandernder Ackerbau.

B. *Weidewirtschaft* (Trockenseite der Trockengrenze):

1. Nicht Milchkuh-, sondern Mutterkuhhaltung, damit die Kuh nur ihr Kalb zu säugen braucht und in der fortgeschrittenen Trockenzeit die Laktation einstellen kann;

2. Eventuell nur Magerviehaufzucht, die durch Dürren weniger gefährdet ist als die Mutterkuhhaltung;

3. Woll- oder Pelzschafhaltung, die besonders dürretolerant sind, sehr selektiv zu weiden vermögen und recht rohfaserreiche Futterstoffe noch verwerten können. Karakulschafhaltung hat darüber hinaus den Vorteil, daß die Verkaufslämmer bereits kurz nach der Geburt geschlachtet werden, dem mütterlichen Organismus also keine Säugeleistung mehr abverlangen. Solche Formen der Schafhaltung gibt es noch bis zu 100, ja 75 mm Jahresniederschläge herab.

Die Abbildung 35 zeigt, wie die Landwirtschaft Algeriens ihre Formen von der Mittelmeerküste bis in die Sahara wandelt. Wichtigste Triebkraft ist der Zwang zur Anpassung an die zunehmende Klimatrockenheit.

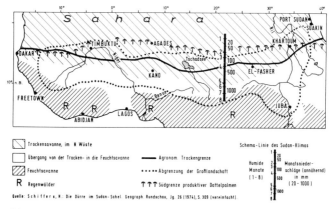

Abb. 36   Die agronomische Trockengrenze im Naturgroßraum Sudan-Sahel (nach W. Lauer)

Die Abbildung 36 läßt schließlich erkennen, daß die agronomische Trockengrenze quer durch die in den letzten Jahren auf
so tragische Weise in das Blickfeld der Weltöffentlichkeit gerück-
te Sahelzone zieht.

4.2.4 Feuchtgrenzen und weitere Grenzen

Die afrikanische Landwirtschaft leidet auf 80% ihrer Kulturflächen periodisch oder permanent unter Wassermangel (Wendekreiszonen) oder unter zu großer Feuchtigkeit (Äquatornä-
he). Daraus ist schon zu schließen, daß es nicht nur Trockengrenzen, sondern auch Feuchtgrenzen der Landwirtschaft gibt.

So gilt als *Feuchtgrenze* der Weidewirtschaft in den Tropen die
Grenzzone zwischen der Feuchtsavanne und dem tropischen
Regenwald. Dem tropischen semiariden Klima sind Sisal, Hirse,
Erdnuß, Phaseolus, Kichererbse, Tabak und kurzstapelige
Baumwolle angepaßt. Zum Teil liegt dies daran, daß die genann-
ten Kulturen für die Reife eine charakteristische Trockenperio-
de benötigen. Bei zunehmender Feuchtigkeit werden sie anderen
Bodennutzungszweigen bald wettbewerbsunterlegen. In den
Niederungen Mittel-Mozambiques gibt es nasse Flächen, die
nur Jute tragen können. In großen Überschwemmungsgebieten
der Flußdelten von Bangla Desh sind Reis und Jute die conditio
sine qua non jeder Landwirtschaft. In der Bangkok-Ebene von
Thailand, die in der Regenzeit regelmäßig überschwemmt wird,
ist der Reis die einzige Nutzpflanze, und alle Versuche, eine
Fruchtfolge aufzubauen, schlugen fehl. Warum sind das Ama-
zonas- und das Kongobecken bislang landwirtschaftlich so wenig erschlossen? Sie liegen im äquatorialen Tiefland mit dem
Maximum an Niederschlägen ihrer Kontinente.

Auch der *Boden* kann der landwirtschaftlichen Betätigung
Grenzen setzen. In dem stark übervölkerten Malawi liegen große Bodenflächen brach, weil sie zu schwer sind, um mit dem in
diesem Lande noch durchweg gehandhabten Hackbau bearbeitet werden zu können. Ein großer Teil des nördlichen Sacramen-
totales in Kalifornien ist wegen seines schweren, nassen Bodens
einzig und allein für Reisbau geeignet und würde wieder Unland
werden, wenn die Wirtschaftlichkeit des Reisbaues nicht mehr

gegeben wäre. Dort, wo um Basra und Abadan mit Meerwasser bewässerte Dattelhaine stehen, würde sicherlich keine andere Kulturpflanze mit wirtschaftlicher Vernunft angebaut werden können. Der Ölbaum findet sich im Mittelmeerraum noch auf kargen, flachgründigen, felsdurchsetzten steilen Hängen, die wohl nur durch ihn noch landwirtschaftlich nutzbar sind.

Schließlich kann auch die *Hangneigung* der Landwirtschaft Grenzen ziehen, doch schwanken diese stark mit der Verfahrenstechnik. Nach *L. Löhr* (1971, S. 33) ergibt sich im Alpenraum

bei 40% Hangneigung Kunstegart mit 4 Ackerjahren
bei 50% Hangneigung Kunstegart mit 3 Ackerjahren
bei 60% Hangneigung Naturegart mit 2 Ackerjahren
bei 70% Hangneigung Naturegart mit 1 Ackerjahr
bei 80% Hangneigung Dauerwiese mit Vor- und Nachweide
bei 100% Hangneigung Dauerwiese ohne Beweidung

In Niedriglohnländern können über den Terrassen-Feldbau noch sehr steile Hänge intensiv genutzt werden.

4.3 Ökonomische Grenzen der Farmwirtschaft

Neben den durch Kälte, Trockenheit, Nässe usw. bedingten ökologischen Grenzen der Farmwirtschaft gibt es auch ökonomisch motivierte Marginalzonen des Agrarraumes.

4.3.1 Siedlungs- und Industriegrenzen

Ganz offensichtliche Grenzen sind dem Landwirt zunächst durch die Siedlungs- und Industrieräume, durch Wege, Straßen und Bahnen gesetzt. Wo die Siedlungsweise in Form von Einzelhöfen oder Weilern aufgelockert ist, sind Agrar- und Siedlungsraum miteinander eng verzahnt. Wo der Mensch in großen Haufendörfern seßhaft ist, wie in Teilen Westafrikas, heben sich Agrar- und Siedlungsraum schärfer voneinander ab und für den Farmer wächst die innerbetriebliche und nicht die außerbetriebliche Transportschwierigkeit. Wo schließlich eine starke Urbanisierungstendenz besteht, wie in Südamerika, dort sind die Siedlungsgrenzen des Agrarraumes sehr scharf ausgeprägt. Zwischen den Siedlungs- und den Agrarraum schiebt sich dann zumeist ein gartenbaulich genutzter Gürtel als Übergang.

4.3.2 Verkehrsgrenzen

Als Verkehrsgrenzen des Agrarraumes sollen diejenigen bezeichnet werden, die durch eine allzu ungünstige äußere Verkehrslage, eine allzu große wirtschaftliche Marktentfernung, bedingt sind.

Schon *J. H. von Thünen* erkannte solche Verkehrsgrenzen in seinem „Isolierten Staat". Je transportempfindlicher ein Produktionszweig ist, um so kleiner ist der Radius seiner Verkehrsgrenzen um den Markt.

In der schematischen Abbildung 37 muß jede Verkaufsproduktion spätestens bei derjenigen Marktentfernung aufhören, in welcher ihre Rentabilität den Nullwert erreicht. Bei der Milchproduktion tritt dieser Fall am frühesten ein. Sahne ist schon sehr viel transportfähiger. Magervieh kann selbst zum Markt marschieren. Im äußersten Ring muß man sich auf solche Produktionen konzentrieren, die je 100 ha Weideland nur sehr

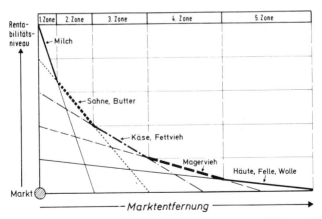

Abb. 37   Wettbewerbsverschiebungen zwischen den Produktionsrichtungen extensiver Weidewirtschaften bei wachsender Marktentfernung

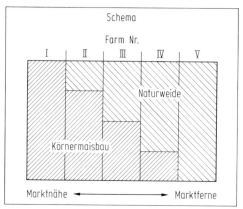

Abb. 38 Wandlungen landwirtschaftlicher Betriebsformen in den wechselfeuchten Tropen bei wachsender Marktentfernung

wenig Verkaufsgewicht bei hoher Haltbarkeit und Stapelfähigkeit liefern, wie Wolle, Häute oder Karakulfellchen.

Die Abbildung 38 zeigt nicht Verkehrsgrenzen der Landwirtschaft überhaupt, sondern agronomische Verkehrsgrenzen. Im Nordosten Zimbabwes ist bei 700 bis 800 mm Sommerniederschlägen ökologisch überall Körnermaisbau möglich. Die wachsende Entfernung vom Markte Harare aber ist der Anlaß dafür, daß der Körnermaisbau sukzessive aus dem Betriebssystem verdrängt wird und schließlich der Naturweidewirtschaft ganz das Feld überlassen muß.

Partielle, produktspezifische Verkehrsgrenzen gibt es eine ganze Reihe. Exportbananen können nur bis zu 100 bis 150 km vom Hafen entfernt angebaut werden, weil sie mit geringer Haltbarkeit ein hohes Gewicht je Werteinheit verbinden.

4.3.3 Kommerzialisierungsgrenzen

Einschränkend ist nun aber zu sagen, daß nicht alle Betriebsgrößen, genauer, daß nicht alle Kommerzialisierungsstufen den gleichen Verkehrsgrenzen unterworfen sind. Der indische Bauer, der etwas Zuckerrohr für die eigene Ernährung baut, ist diesbezüglich von der Marktlage unabhängig und kennt deshalb keine Verkehrsgrenzen. Das gleiche trifft für den Mehlbananenbau äthiopischer Bauern, für den Gemüsebananenbau Costa Ricanischer Farmer, für den der Selbstversorgung dienenden Maniok und Yamanbau in der afrikanischen Äquatorzone oder für den Batatenbau gleicher Zweckbestimmung durch südostasiatische Bauern zu. Weit jenseits der agronomischen Verkehrsgrenzen marktorientierter Ranchbetriebe können die Hilfskräfte des Ranchers selbstverständlich für den Eigenbedarf Mais oder Hirse anbauen, wenn nur die Niederschläge ausreichen. Das ist auch in Argentinien, Kolumbien, Zimbabwe und anderenorts durchweg zu beobachten.

Nun ist aber die Kommerzialisierung von Farmen nicht eine Frage absoluter, sondern eine solche relativer Natur. Sie stuft sich gradweise ab. Man kann grob unterscheiden:

1. *Subsistenzbetriebe*, die i. a. nur für den Eigenverbrauch produzieren und deren Verkauf unter 25% des Rohertrages liegt;
2. *Wenig kommerzialisierte Betriebe*, die schon planmäßig Verkaufsproduktion betreiben, deren Anteil bei 25 bis 50% des Rohertrages liegt;
3. *Stark kommerzialisierte Betriebe*, die 50 bis 75% des Rohertrages verkaufen und
4. *Voll kommerzialisierte Betriebe*, die weniger als 25% des Rohertrages für die Deckung des Eigenbedarfes verwenden.

Von 1. bis 4. kontrahieren die Verkehrsgrenzen. Je größer die Vermarktungsquote der Produktion, um so größer ist die Abhängigkeit von der Marktlage. Hierbei spielt auch eine Rolle, daß der Farmer der 2. Stufe für seine nur partielle Marktproduktion solche Betriebszweige wählen kann, die einen nur geringen Transportwiderstand besitzen. Ein voll kommerzialisierter Farmer kann aus arbeits- und düngerwirtschaftlichen Gründen sowie mit Rücksicht auf Fruchtfolge und Risiko nicht gleichermaßen flexibel in der Produktionsplanung sein.

4.4 Grenzverschiebungen im Wirtschaftswachstum

Aus allem bisher Gesagten könnte nun der falsche Eindruck entstehen, daß die Grenzen der Farmwirtschaft ein für alle Mal fest gegeben seien. Das ist aber keineswegs der Fall. Vielmehr sind die marginalen Zonen des Agrarwirtschaftsraumes nicht stabil, sondern labil. Sie verschieben sich im Zuge der technischen und wirtschaftlichen Entwicklung in recht flexibler Adaption.

4.4.1 Mechanisch-technische Fortschritte als Ursache

Mechanisch-technische Fortschritte können gerade die soeben erwähnten Verkehrsgrenzen erheblich verschieben. Jede *Verkehrserschließung* vermindert die wirtschaftliche Marktentfernung aller von ihr partizipierenden Farmen und schafft günstigere Tauschkraftrelationen. Jede neue Eisenbahnlinie, jede neue Straße, jede Verbilligung der Transporttarife muß die Transportkostendifferenzen verschieden weit vom Markt gelegener Betriebe mindern, die Transportkostenbelastung der marktfern gelegenen Farmen mäßigen und dadurch die Loco-Hofpreise landwirtschaftlicher Erzeugnisse steigern sowie die der gewerblich hergestellten Betriebsmittel senken. Die bisherigen Grenzbetriebe erzielen jetzt eine Differentialrente, und jenseits dieser Betriebe entsteht ein neuer, zusätzlicher Ring von Siedlerbetrieben, der so weit reicht, bis die Differentialrente nach Maßgabe der Verkehrslage ihren Nullwert findet. Hier liegt die neue Verkehrsgrenze. Das Marktgebiet hat sich erweitert, der Agrarwirtschaftsraum vergrößert.

Auch Fortschritte in der *Erntetechnik* können die räumliche Ordnung der Agrarproduktion maßgeblich beeinflussen. Wo die Bewirtschaftung mit Maschinen-Größtaggregaten Einzug hält, werden die Erzeugungskosten von Weizen und Gerste in der Trockenfarmerei stark gesenkt, so daß eine Wettbewerbsverschiebung gegenüber dem Ranchbetrieb eintritt. Im Columbiabecken der nordwestlichen USA waren vor der Vollmechanisierung Weizenerträge von 6,0 dt/ha, heute sind nur noch solche von 4,5 dt/ha erforderlich, wenn der Weizenbau die Konkurrenz der trockenheitstoleranten Ranch aushalten soll. Das hat bedeutet, daß das Niederschlagsminimum für die Trockenfarmerei von 350 bis 300 mm/Jahr auf 300 bis 250 mm/Jahr, also um

50 mm/Jahr absank. Die agronomische Trockengrenze schob sich hinaus.

Es gibt schwere Böden, die auf der Stufe des Hackbaues noch nicht bewirtschaftet werden können. Sie können erst auf der Stufe des Pflugbaues mit Ochsenanspannung in das Kulturland einbezogen werden. Andere Böden sind noch schwerer und können erst über *Schlepperzugkraft* nutzbar gemacht werden. Die fortschreitende Verfahrenstechnik erweitert also den Agrarwirtschaftsraum.

In wendekreisnahen Zonen gibt es Landstriche mit so kurzer Regenzeit, daß diese so gut wie gänzlich benötigt wird, wenn Hirse bzw. Gerste auskörnern sollen. Solange die Energiequelle des Farmers die menschliche Muskelkraft oder die tierische Anspannung sind, dauern Bodenbearbeitung und Saat zu lange, um dem Getreide noch eine genügende Wachstumszeit übrigzulassen. Solange sind diese Standorte absolutes Naturweideland. Erst die sehr viel höhere Schlagkraft des Schleppers erlaubt es, die agronomische Trockengrenze bis in diese Regionen vorzuschieben.

Große Flächen im mittleren Südwestafrika waren wegen der Schwierigkeit der *Tränkwasserversorgung* vor 100 Jahren nur durch die nomadisierenden Hereros periodisch nutzbar. Erst die Brunnenbauten der weißen Siedler machten später den stationären Ranchbetrieb möglich. Im Sahara-Randgebiet bleiben große Flächen aus Mangel an Tränkwasser von den Nomaden ungenutzt. Brunnenbauten können die Trockengrenze der Viehhaltung hinausschieben und zu der so dringend notwendigen Erweiterung des Lebensraumes mancher Nomadenstämme beitragen.

4.4.2 Biologisch-technische Fortschritte als Ursache

Auch biologisch-technische Fortschritte können die Grenzen des Agrarraumes erweitern. Im Verbreitungsgebiet der Tsetse-Fliege, der Überträgerin der Nagana, konnten *veterinärhygienische Fortschritte* die Grenzen der Viehhaltung hinausrücken. Gerade in den Tropen sind die Ernteverluste durch Schädlinge, Krankheiten und Unkräuter bei manchen Nutzpflanzen groß:

beim Weizen 39%, bei Erdnuß 40% und bei Hirse 45% der potentiellen Ernten in Afrika. Gelingt es der *Phytomedizin*, durch Neuentwicklungen diese Schäden bei bestimmten Kulturen zu halbieren, so wird die Wettbewerbskraft der begünstigten Nutzpflanzen gestärkt; sie rücken über ihre bisherigen Grenzstandorte hinaus vor.

Die *Pflanzenzüchtung* hat viel zur Ausweitung des Agrarraumes geleistet. Sie hat z. B. durch Züchtung von Sommergerstensorten mit immer kürzerer Vegetationszeit den Trockenfeldbau in den südlichen Mittelmeerrandstaaten schrittweise immer weiter gegen die Sahara vorgeschoben und gleichzeitig den S. Gerstenbau im hohen Norden immer weiter polwärts möglich gemacht.

Das *Vorschieben des Hybridmaises* in Mitteleuropa von Süden nach Norden in den letzten zwei Jahrzehnten ist ein weiteres Beispiel. Vor dem letzten Kriege wurde Mais in Europa zur Hauptsache in der Po-Ebene und in Südwestfrankreich angebaut. Heute ist das Pariser Becken die größte Anbauregion der Europäischen Gemeinschaft. In der Bundesrepublik hat sich der Körnermaisbau zumindest in Tal- und Beckenlandschaften bis zum Rhein-Main-Gebiet einen festen Platz erobert. Selbst in Schleswig-Holstein ist bereits Körnermaisbau zu finden.

Wichtiger noch war seinerzeit das Vordringen *neuer Sommerweizensorten* in Kanada mit der schrittweisen Erzüchtung von mehr Frühreife:

– 1763 war Weizenbau nur längs des Lawrence-Stromes möglich.
– 1880–1890 drang die Sorte Red Fife von Osten nach Westen vor.
– Ab 1909 wurde der Marquis-Weizen angebaut, der bei einer um 6 bis 10 Tage kürzeren Vegetationszeit als Red Fife sicher in 120 Tagen reifte und die Polargrenze des Weizenbaues um 300 km nach Norden vorschob.
– Ab 1926 stand der Garnet-Weizen zur Verfügung, der nochmals 5 bis 7 Tage früher reifte und die Polargrenze nochmals um 200 km hinausschob.
– Heute gibt es Sorten, die in weit weniger als 100 Tagen reifen.

5 Landschaftsgürtel im Weltagrarraum und ihre für die Agrarwirtschaft bedeutsamen Merkmale

Wer die räumliche Ordnung der Weltlandwirtschaft verstehen will, muß sich an die Landschaftsgürtel halten. Ihnen hat daher hier unsere besondere Aufmerksamkeit zu gelten. Die Abbildung 39 zeigt die wichtigsten Landschaftsgürtel der Erde und wird das Anschauungsmodell dieses Kapitels sein.

5.1 Tropische Regengürtel

Die tropischen Regenklimate sind identisch mit den Sammelbegriffen „feuchte Tropen" oder „innere Tropen". Agrargeographisch muß man zumindest eine dreifache Untergliederung treffen:

5.1.1 Regenwaldzonen

Dieses Klima findet sich im äquatornahen Tiefland. In der Abbildung 39 heben sich das Kongobecken und die Guinea-Küste hervor. Das Amazonasbecken und große Teile Indonesiens besitzen ebenfalls Regenwaldklima. Dieses ist ganzjährig heiß und feucht. Zwei Regenzeiten mit zusammen mindestens 1 500 mm Niederschlägen, kein Monat mit weniger als 60 mm Regen, eine ganzjährig wenig schwankende mittlere Temperatur von 25 bis 28 °C und eine im Jahresablauf selten den Wert von 90 unterschreitende Luftfeuchte (6 Uhr) führen hier zu dem durchaus humiden, immerfeuchten Klimatyp, der in der Naturvegetation den immergrünen, ombrophilen Regenwald hervorruft. Es ist diejenige sprichwörtlich üppige tropische Vegetation, die der Laie allzuleicht mit der tropischen Vegetation ganz allgemein

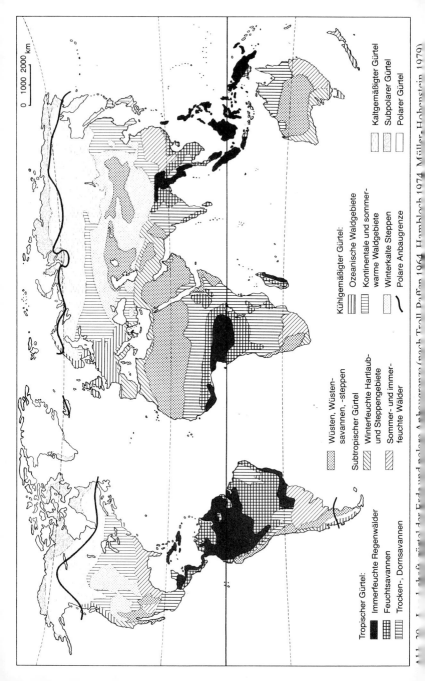

Abb. 29. Landschaftsgürtel der Erde und polare Anbaugrenze (nach Troll, Paffen 1964, Hambloch 1974, Müller, Hohenstein 1979)

Tropischer Gürtel:

Immerfeuchte Regenwälder

Feuchtsavannen

Trocken-, Dornsavannen

Wüsten, Wüsten-
savannen, -steppen

Subtropischer Gürtel:

Winterfeuchte Hartlaub-
und Steppengebiete

Sommer- und immer-
feuchte Wälder

Kühlgemäßigter Gürtel:

Ozeanische Waldgebiete

Kontinentale und sommer-
warme Waldgebiete

Winterkalte Steppen

Polare Anbaugrenze

Kaltgemäßigter Gürtel

Subpolarer Gürtel

Polarer Gürtel

identifiziert, obwohl sie nur in einem verhältnismäßig kleinen Teil der Tropen, eben im Regenwaldklima, auftritt. Das Regenwaldklima besitzt 8 1/2 bis 12 humide Monate und muß als humid bis perhumid gekennzeichnet werden.

Wenn die Naturvegetation dieses Klimas aus Wald besteht, so wundert es nicht, wenn auch in der Kulturvegetation Baum- und Strauchkulturen begünstigt sind: Kakao, Kautschuk, Ölpalme, Kokospalme und Kaffee (coffea robusta). Bis auf die Palmen liefern diese Kulturen keine Grundnahrungsmittel. Daraus erklärt sich teilweise die nur lockere Besiedlung des Amazonas- und des Kongobeckens. Daneben werden Bananen, Zuckerrohr, Maniok, Yam und Mais, u. U. auch Reis angebaut. Die Bedingungen für die Viehhaltung sind in diesem Klima außerordentlich ungünstig, wie auch der Mensch, jedenfalls die weiße Rasse, dieses ständig feucht-heiße Klima schlecht verträgt.

5.1.2 Feuchtsavannenzonen

An den Regenwaldgürtel schließt sich nördlich und südlich die Feuchtsavanne an. Ihr Klima ist bei sechs bis achteinhalb humiden Monaten und 600 bis 1 500 mm Regen subhumid. Der Regenfall konzentriert sich auf *eine* lange Regenzeit im Sommer, auf die eine kurze Trockenzeit im Winter folgt. Als Grasflur tritt die Hochgrassavanne mit Galeriewäldern, als Gehölzflur der Monsunwald auf.

Wiederkäuerhaltung ist nun möglich, da die Seuchengefährdung gegenüber dem Regenwaldklima geringer ist. Von der Nachfrageseite her ist die Viehhaltung allerdings wegen der geringen Kaufkraft der Bevölkerung noch gehemmt. Man bezeichnet die Kontaktzone zwischen Feuchtsavannen- und Regenwaldklima als die Feuchtgrenze der Weidewirtschaft. Die wasseranspruchsvollsten Baumkulturen des Regenwaldklimas wie Kakao, Kautschuk und Kaffee werden in dem Feuchtsavannenklima kaum noch angebaut, und auch der Anbau von Ölpalme und Maniok gehen zurück. Selbst Yam wird schon etwas unsicher. Dagegen treten jetzt neue Arten in die Kulturpflanzengemeinschaft ein, die für ihre Reife eine Trockenperiode benötigen: Buschbohne (Phaseolus) und Erdnuß.

5.1.3 Höhenstufen der tropischen Gebirge

Von einem tropischen Höhenklima im Singular kann man nicht sprechen, da es hier je nach Höhenlage, Hanglage, Exposition, Feuchtigkeits-, Belichtungs- und Wärmeverhältnissen die verschiedensten Varianten gibt. Auch die Zuordnung zu den tropischen Regenklimaten ist problematisch, weil es in den tropischen Höhenlagen auch Trockenklimate gibt und weil schließlich in sehr hohen Regionen des Himalaja oder der Anden gemäßigte oder selbst arktische Klimaelemente zu Tage treten.

Die tropischen Höhenlagen beginnen vereinbarungsgemäß bei 1 000 m üb. NN. Die durchschnittliche Jahrestemperatur beträgt in Madras auf Meereshöhe 27,8 °C, in dessen 2 280 m hochgelegenen Bergluftkurort Ootocamund im Nilgirigebirge nur noch 13,8 °C. Das ist ein Unterschied von ± 0,6 °C je 100 m. Infolgedessen beherrschen im tropisch semiariden Tiefland Hirse und Erdnuß das Landschaftsbild, und im feuchten Monsunklima an der Südwestküste Indiens wachsen Kautschuk, Pfeffer, Bananen und Maniok. In den hohen Bergen aber, die noch frostfrei sind, werden Tee, Kaffee (coffea arabica), Kartoffeln und Gemüse angebaut.

Etwa die gleichen Agrarlandschaften, welche uns auf einer Reise vom Kongo bis zum Mittelmeer oder vom Amazonas bis zum La Plata nacheinander begegnen, kann man also beim Anstieg in äquatornahen Hochgebirgen auf einer Distanz von wenigen Kilometern wiederfinden.

Es gibt für unsere Kulturpflanzen spezifische Höhenstufen des Anbaues, die physiologisch bedingt und ökonomisch relevant sind. In der Äquatorzone (10 Grad n. Br. bis 10 Grad s. Br.) besitzen manche Kulturpflanzen ein

– *Höhenminimum*: Wirtschaftlicher Anbau ist z. B. erst möglich bei Kaffee ab 950, bei Teff ab 1 300, bei Kartoffeln und Passionsfrucht ab 1 600 und bei Weizen erst ab 2 000 m üb. NN. Unterschiedlich ist auch die

– *Höhenspanne*: Kaffee (coffea arabica) 950 bis 2 000 m NN, Mais 0 bis 2 800 m NN. Alle Kulturpflanzen aber besitzen eine

– *Höhengrenze*: In Costa Rica hört z. B. der Anbau von Reis bei 1 000, von Kaffee bei 1 450, von Zuckerrohr bei 1 500, von

Gemüsebananen bei 1 700, von Criollogräsern bei 2 000 m NN auf, während Importgräser, Rotklee, Mais, Kartoffeln und europäische Gemüsearten bis auf 2 800 m NN aufstiegen.

5.2 Trockengürtel

Die Trockenklimate werden von den tropischen Regenklimaten durch die klimatische Trockengrenze geschieden; denn die Zahl der humiden Monate im Jahr beträgt nun nur noch höchstens sechs. Während die tropischen Regenklimate im allgemeinen landwirtschaftlich durch Wasserüberschuß gekennzeichnet sind, leiden die Trockenklimate samt und sonders unter Wassermangel. Man spricht auch von äußeren Tropen.

Trockenklimate gibt es nicht nur in den Tropen, sondern auch in den Subtropen, in kühlgemäßigten und in noch kälteren Klimaten. Gemeinsame landwirtschaftliche Charakteristika lassen es geraten erscheinen, sie zu einer Gruppe zusammenzufassen.

5.2.1 Trockensavannenzonen

Diese sind eindeutig noch den Tropen zugehörig, wie es überhaupt die Vegetationsformationen der Savannen einzig und allein in den Tropen gibt. Die Trockensavannen schieben sich als zumeist recht schmaler Gürtel zwischen die Feuchtsavannen und die Dornsavannen ein. Größere Gebiete dieses Klimatyps finden sich fast im gesamten Sambesi-Becken, im südlichen Teil der Sahel-Zone, in West-Madagaskar, als Gürtel längs durch Indien, im nördlichsten Australien oder in Teilen Mexikos.

Dreieinhalb bis sechs humide Monate erlauben noch Regenfeldbau, d.h. Ackerbau ohne künstliche Bewässerung. Als Grasflur tritt die Kurzgrassavanne, als Gehölzflur regengrüner Trockenwald (z.B. Miombo) auf. Gegenüber der Feuchtsavanne ist die Regenzeit viel kürzer und unergiebiger, die Trockenzeit länger. Das Klima ist semiarid mit nur noch 300 bis 600 mm Regen im Jahr. Es handelt sich um typisch wechselfeuchte Tropen.

Der Ackerbau kann sich nun nur noch auf sehr trockenresistente Fruchtarten stützen, im wesentlichen auf Hirse, Erdnuß und Buschbohne.

Selbst den Yamanbau ist wegen der langen Trockenzeit nicht mehr möglich. Oft muß die Umlagewirtschaft Wasser sparen helfen. Im Gegensatz zum gemäßigten Klima gewinnt aber die Rindviehhaltung mit zunehmender Klimatrockenheit Wettbewerbsvorteile gegenüber dem Ackerbau. So stehen in dieser Klimazone der Trockenfeldbau und die extensive Weidewirtschaft sowohl betriebswirtschaftlich als auch regional in Konkurrenz. Ihre verschiedenen Formen sowie ökologischen und ökonomischen Wettbewerbsfaktoren können hier leider nicht analysiert und interpretiert werden.

5.2.2 Dornsavannenzonen

Die Dornsavanne ist von der Trockensavanne agrargeographisch durch die sogenannte agronomische Trockengrenze, die Grenze des Regenfeldbaues, geschieden. Es gibt daher in der Dornsavanne fast nur extensive Weidewirtschaft. Der Bewässerungsfeldbau kann ja wegen der Wasserknappheit, dem tiefen Grundwasserstand und der Tatsache, daß auch größere Flüsse wegen der sehr langen Trockenzeit kein Wasser führen, kaum Boden gewinnen. In diesem semiariden Klima mit nur einem bis vier humiden Monaten und einer sehr kurzen Regenzeit mit 100 bis 300 mm Niederschlägen mußte sich eine recht einseitige Agrarlandschaft herausbilden. Man nutzt die Naturweiden rein okkupatorisch mit anspruchslosen Tieren, in Richtung zum Äquator mehr durch Rinder, mit größerer Entfernung vom Äquator mehr durch Schafe. Diese Weidetierhaltung erfolgt in der Neuen Welt durch Viehfarmen (Ranch), in der Alten Welt häufig noch durch Nomaden.

Zum Dornsavannenklima gehört der größte Teil Namibias und der Kalahari sowie der nördliche Teil der Sahel-Zone. Das südliche Somalia und Südäthiopien, Nordwestindien und eine breite Zone Nordaustraliens sind weitere Beispiele.

Die Abbildung 40 möge den Überblick über die tropischen Klimate schematisiert erleichtern.

Schema

KLIMAZONEN DER TROPEN

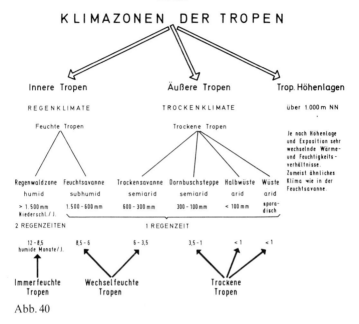

Innere Tropen	Äußere Tropen	Trop. Höhenlagen
REGENKLIMATE	TROCKENKLIMATE	über 1.000 m NN

Feuchte Tropen   Trockene Tropen

Je nach Höhenlage und Exposition sehr wechselnde Wärme- und Feuchtigkeits- verhältnisse. Zumeist ähnliches Klima wie in der Feuchtsavanne.

Regenwaldzone	Feuchtsavanne	Trockensavanne	Dornbuschsteppe	Halbwüste	Wüste
humid	subhumid	semiarid	semiarid	arid	arid
> 1.500 mm Niederschl./J.	1.500 - 600 mm	600 - 300 mm	300 - 100 mm	< 100 mm	spora- disch

2 REGENZEITEN   1 REGENZEIT

12 - 8,5 humide Monate/J.	8,5 - 6	6 - 3,5	3,5 - 1	< 1	< 1

Immerfeuchte Tropen   Wechselfeuchte Tropen   Trockene Tropen

Abb. 40

5.2.3 Trockensteppen

Steppen haben agrargeographisch einen ähnlichen Charakter wie Trocken- und Dornsavannen. Auch sie sind oft nicht regenfeldbaufähig. Auch sie sind Weidegebiete par excellence. Auch sie leiden unter Wassermangel für die Versorgung von Mensch, Pflanze und Tier.

Die Steppen liegen jedoch außerhalb der Tropen in den Subtropen oder kühlgemäßigten Klimaten. Das führt zu folgender Abwandlung der Wirtschaftsweise gegenüber den Trocken- und Dornsavannen:

– Die Niederschläge fallen in den Trocken- und Dornsavannen – wie überall in den Tropen – im Sommer, in den Steppen, aber zumeist im Winter. Das hat zur Folge, daß die Tiere in den

Steppen im Sommer einem verstärkten Streß ausgesetzt sind, weil gleichzeitig die Vegetation ruht und die Kälber und Lämmer gesäugt werden müssen – das noch bei großer Sommerhitze.

– Das Netz der Tränkstellen muß dichter sein, weil die futterarme Jahreszeit mit der Hitzeperiode zusammenfällt.

– Unter Umständen ergibt sich ein Zwang zur Futterbevorratung für die Trockenzeit.

– Unter Umständen ergibt sich im kontinentalen winterkalten Klima auch der Zwang, die Tiere durch Primitivställe vor den Unbilden der Witterung zu schützen.

– Unter Umständen muß man weniger leistungsfähige Tierrassen oder Tierarten zugunsten größerer Kälteresistenz bevorzugen, wie den Jak in Innerasien oder das Lama in den Anden.

– Die Kulturpflanzen sind nun ganz andere als in den trockenen Tropen, weil die Belichtungs- und Wärmeverhältnisse hier und dort unterschiedlich sind.

Große Steppengebiete finden sich z. B. in den Intermountain-States der USA, in Nordafrika, in der spanischen Meseta, im Don-Gebiet oder in großen Teilen Innerasiens.

5.2.4 Halbwüsten

Die ariden Halbwüsten mit weniger als 100 mm Niederschlägen pro Jahr bilden den Übergang von den erwähnten Dornsavannen und Steppen zu den trocken-heißen Wüsten mit noch dürftigerem und nur sporadischem Regenfall. Wüsten liegen zumeist jenseits der Trockengrenze der Ökumene, es sei denn, daß sie teilweise durch Wüstennomaden genutzt werden, ab und an Oasen auftreten oder Erdölbohrungen eine gewerbliche Wirtschaft hervorrufen.

Fast alle größeren Wüsten der Erde liegen – klimatologisch wohl begründbar – auf den oder in der Nähe der beiden Wendekreise. Das trifft für die Sahara und die arabische Wüste, für die Namib und Inneraustralien vollkommen und für die iranischen, die pakistanischen und die innerasiatischen Wüsten (in Kasachstan, Usbekistan, Ostturkestan usw.) annähernd zu. So liegen also auch die die Wüsten umschließenden Halbwüsten wendekreisnahe und können sich deshalb nicht allzusehr unterscheiden, gleichgültig, ob sie den Tropen oder den Subtropen zugewandt sind.

Nur die noch etwas feuchteren Zonen der Halbwüsten können noch der stationären Weidewirtschaft dienen. Die übrigen Teile lassen sich nur noch episodisch von Nomaden, Jägern und Sammlern nutzen. Die Trockengrenze der Viehhaltung zieht sich also mitten durch die Halbwüsten hindurch.

5.3 Warmgemäßigte Subtropengürtel

Die drei Varianten dieser Klimagruppe unterscheiden sich agrargeographisch beträchtlich sowohl was die Wärmeverhältnisse als auch was die Niederschlagshöhe und besonders was die Niederschlagsverteilung anbelangt.

5.3.1 Sommertrockene Subtropen

Repräsentaten dieses Klimatyps sind der Mittelmeerraum, die Südküste des Schwarzen Meeres, eine breite Zone vom Kaukasus bis fast zum Persischen Golf, das Hinterland Kapstadts, der größte Teil Kaliforniens, Mittelchile und teilweise die Südküste Australiens.

Die Landwirtschaft wird geprägt durch warme, feuchte Winter und heiße, trockene Sommer. Dieses Klima wird um so extremer, je mehr wir uns den Trockenklimaten nähern. In Nordafrika gibt es eine typische Winterregenzeit, die allein Regenfeldbau zuläßt, während im Sommer Trockenzeit und Hitze jeglichen Ackerbau ohne künstliche Bewässerung ausschließen.

Die an sich nicht geringe Jahressumme an Niederschlägen ist so ungünstig verteilt, daß in dem Quartal Juni bis August an der Kampanischen Küste nur 104, im nördlichen Apulien 86 und an der Küste des Ionischen Golfes sogar nur 71 mm fallen. Das sind 8,8, bzw. 13,3, bzw. 8,9% der Jahresmenge, deren Nutzeffekt bei einer mittleren Temperatur um 23 °C zudem sehr gering sein muß. Unter solchen extremen ökologischen Bedingungen ist die landwirtschaftliche Bodennutzung eine Kompromißentscheidung zwischen

– der Beschränkung des Ackerbaues auf die Herbst-, Winter-
und Frühjahrsmonate,
– dem Ausweichen auf Baum- und Strauchkulturen, die die
Sommertrockenheit vermöge ihres tiefen Wurzelsystems besser
überstehen können (Wein, Oliven, Mandeln) und
– Bewässerungsfeldbau.
Meistens kommt es im Interesse der Einkommensmaximie-
rung nicht auf die Auswahl von einer dieser drei Bodennutzungsformen, sondern auf die konsequente Kombination von
zweien oder allen dreien an.

5.3.2 Wintertrockene Subtropen

Dieser Klimatyp ist selten und wird hier nur der Vollständigkeit halber erwähnt. Auf der Kartenskizze (Abb. 39, S. 48) sind
die entsprechenden Regionen nicht ausgegrenzt, sondern zusammen mit den immerfeuchten Subtropen dargestellt.

5.3.3 Immerfeuchte Subtropen

Hier lassen sowohl das Dargebot an Wärme als auch dasjeni-
ge an Wasser ganzjährige Nutzpflanzenproduktion zu. Bedeutende Regionen sind diesem Klimatyp zuzuordnen:
Große Teile Chinas, das südliche Japan, Teile der australischen Ostküste, große Teile von Nordindien, die südöstlichen
USA, Brasilien südlich des Wendekreises und die La Plata-Staa-
ten.
Sind die Sommertemperaturen ausreichend, so können wär-
meliebende Fruchtarten wie Reis, Erdnuß, Soja oder Baumwolle angebaut werden. Sind die Winter noch genügend milde, so ist
eine ganzjährige Pflanzenproduktion mit zwei oder sogar drei
Ernten im Jahre möglich. Man baut dann im Winter Pflanzen
an, die ein kühleres Klima lieben wie Raps, W. Getreide oder
Futterkulturen und im Sommer solche, die ein warmes Klima
benötigen wie Reis, Soja, Bataten oder Gemüse. So entstehen
Fruchtfolgen innerhalb eines Kalenderjahres, wie nachfolgende
Beispiele zeigen.

Fruchtfolgen im südlichen Japan

Beispiel A: *Beispiel B:*
Winter: Rengegras   Winter: W. Getreide
Sommer: Reis   Frühling: Gemüse
Sommer: Reis   Sommer: Gemüse

5.4 Kühlgemäßigte Gürtel

5.4.1 Ozeanisch wintermilde Subzonen

Charakteristisch sind milde Winter und kühle Sommer, ein Klima, welches den Futterwuchs stark fördert und demzufolge auch für die Rindviehhaltung günstig ist. Dies um so mehr, als noch ein langer, zum Teil sogar ganzjähriger Weidegang (Cornwall, Teile der Normandie, Landschaften um die Biskaya-Bucht) möglich ist. Dieser spart nämlich Futterwerbungs- und Gebäudekosten und hebt dadurch die Wirtschaftlichkeit. Auf dem Felde dominieren Hackfrüchte (Zuckerrüben, Kartoffeln) und Getreide. Beim Getreide stehen wiederum die Winteranbauformen oben an, weil der lange Herbst ihre Bestellung noch gut, sogar nach Hackfrüchten, erlaubt. Der weitaus größte Teil des EG-Raumes gehört hierher.

Alle anderen Gebiete mit marin sommerkühlem Klima sind sehr viel kleiner und liegen zumeist auf der südlichen Hemisphäre: die Spitze Südost-Australiens, Neuseeland, die Südspitze Südamerikas und große Teile der Republik Südafrika.

Bei den unter dieser Bezeichnung subsumierten Klimaten liegt landwirtschaftlich in aller Regel nicht die Niederschlagshöhe, sondern die Temperatur im Minimum.

5.4.2 Kontinental sommerwarme Subzonen

Für das kontinental sommerwarme Klima trifft dies allerdings noch nicht für den Sommer, sondern nur für den Winter zu, dessen Ausdehnung zu einer längeren Vegetationsruhe führt. In diesem Klimabereich finden sich bedeutende Körnermaisanbaugebiete, so der amerikanische Corn-Belt südlich und westlich (bis zum 100. Grad w. L.) von Chicago oder der größte Teil des Balkan-Raumes. Auch China, etwa nördlich Peking, Korea und große Teile des nördlichen Japan gehören dazu. Außer dem Mais gedeiht hier teilweise auch die Sojabohne gut.

5.4.3 Kontinental sommerkühle Subzonen

Nun sind die Winter noch länger und kälter und auch die Sommer kühler geworden. Die Niederschläge fallen überwiegend im Sommer. Die Landwirtschaft reagiert durch Betonung des Sommergetreide- und des Futterbaues. Der letztere nimmt zum Teil schon mehrjährige Formen an wie im Milchwirtschaftsgürtel der nordöstlichen USA und des südöstlichen Kanada, in Mittelschweden oder im Baltikum.

Größere Gebiete, die diese klimatischen Züge tragen, gibt es nur drei: einmal die Landschaften nördlich des japanischen Meeres, zum anderen ein breiter Gürtel Nordamerikas, der sich von New York und Halifax über die großen Seen bis weit über Winnipeg hinaus erstreckt und drittens der große Block Mittel- und Osteuropas, der etwa durch die Städte Oslo – Stettin – Wien – Magnitogorsk – Leningrad zu begrenzen ist.

5.5 Kaltgemäßigte, boreale Gürtel

Polwärts an das kontinental sommerkühle Klima anschließend – und zwar nur auf der nördlichen Hemisphäre – findet sich schließlich der kaltgemäßigte Klimagürtel, der noch über den nördlichen Polarkreis hinausgeht. Charakteristisch sind mäßig warme Sommer, sehr lange, kalte Winter, betonte Sommerniederschläge und eine natürliche Nadelwaldflora. Hierzu gehören Schweden und Finnland nördlich der Hauptstädte, Rußland etwa nördlich der Linie Leningrad – Tomsk – Irkutsk sowie ein breiter Gürtel des nördlichen Kanada von den Landschaften um den südlichen Hudson-Bai westwärts bis zum Bering-Meer. Der nördliche Polarkreis durchzieht alle diese Großräume. In höheren Mittel- und Hochgebirgslagen südlicherer Breiten, wie z. B.

in den Alpen, Karpaten oder Anden, stellt sich das gleiche Klima ein.

Für die Landwirtschaft am bedeutsamsten von allen Klimamerkmalen ist hier die kurze Vegetationszeit. Sie läßt den Futterbau noch mehr als im kontinental sommerkühlen Klima dominieren, und zwar durchweg in mehrjährigen Formen. Der Futterbau ist hier trotz der langen Stallfütterungsperiode überlegen, weil er die Vegetationszeit vom ersten bis zum letzten Tag einer ausreichenden Assimilationstemperatur voll ausschöpft, während bei den alljährlich neu zu bestellenden Kulturen ein Teil der kostbaren, allzu kurzen Vegetationszeit für Bodenbearbeitung, Bestellung und Ernte verloren geht.

Hinzu kommt, daß die Kulturpflanzengemeinschaft nun nach Norden zu rasch verarmt, weil die spezifischen Polargrenzen überschritten werden. Der Anbau von Zuckerrüben hört beim 61., der von Weizen beim 63., und der von S. Gerste und Kartoffeln beim 70. Grad n. Br. endgültig auf. Im hohen Norden können die Fruchtfolgen deshalb nur Feldgraswirtschaften sein, in welchen auf vier- bis sechs- bis mehrjährigen Feldgrasbau ein oder zwei Jahre mit S. Gersten- und Kartoffelbau folgen.

6 Klassifizierungsrahmen für agrarräumliche Einheiten

Die Erscheinungsformen, in denen uns im Weltagrarraum Agrarbetriebe, Agrarlandschaften, Agrarregionen und Agrarzonen entgegentreten, sind außerordentlich mannigfaltig. Deshalb war die Agrargeographie schon seit ihren ersten Anfängen bemüht, Klassifizierungsrahmen zu entwickeln, die Überblick und Orientierung ermöglichen. Man hat sehr verschiedene Ordnungsprinzipien verwendet, um unterschiedlichen Fragestellungen Rechnung zu tragen. Nicht Bewährtes wurde wieder verworfen, Gelungenes weiterentwickelt, Neuartiges von der Fachwelt mit großem Interesse diskutiert. Teilinformationen über die wichtigsten Klassifikationen finden sich zum Beispiel bei *B. Andreae* 1964, S. 52–84, *J. T. Coppock* 1968, S. 153 ff., *H. F. Gregor* 1970, S. 117 f., *J. Kostrowicki* 1974, *W. Manshard* 1974, S. 43–49 und *B. Andreae/E. Greiser* 1985, ohne daß diese Quellen einen annähernd vollständigen Überblick über die vorhandenen Klassifizierungsrahmen bieten und bieten wollen.

Die Bodennutzung erfolgt in landwirtschaftlichen Betrieben, wobei es sich teilweise um große kommerzielle Einheiten handelt – Plantagen in Malaysia oder Hazienden in Lateinamerika –, überwiegend aber um kleinflächige Familienbetriebe und Nebenerwerbsbetriebe.

Der Prozeß der Anpassung der Bodennutzung an die Produktionsbedingungen hat zur Ausbildung sehr verschieden organisierter Betriebe geführt. Ähnlich organisierte Betriebe fassen wir mit Hilfe verschiedener Kriterien in Systemen zusammen.

Die Betriebstypen dienen als Grundlage für die Erfassung und Gliederung größerer Raumeinheiten. Jedoch muß dabei generalisiert werden, da sich sonst ein zu engmaschiges Netz mit unscharfen Übergängen ergibt. Zur weltweiten Gliederung hat z. B. E. Laur bereits 1930 ein Schema von Betriebstypen entworfen, die er zu Gruppen zusammenfaßte und nach dem Intensitätsprinzip J.H. v. Thünens von außen nach innen reihte (im Einzelnen s. S. 12f):

Betriebstypen der

Karawanenzone	(z. B. Hack- und Weidewirtschaft in Afrika)
Weidezone	(z. B. Nomadenwirtschaft, Weidegebiete in Nordamerika, Australien, Alpen)
Agrarzone	(z. B. russische, nordamerikanische Weizenbetriebe, asiatische Reisbetriebe)
Plantagenzone	(Plantagenbetriebe der Gesellschaften, Farmer, Eingeborenen)
Industriezone	(z. B. Feldgras-, Dreifelderwirtschaft, Verbindung mit Viehwirtschaft)
Lokalzone	(z. B. Abmelkbetriebe, Obstbau im weiteren Umland der Zentren)
Wohnzone	(z. B. Gartenbau-, Geflügelzucht-, Selbstversorgungsbetriebe im engeren Umland der Zentren).

Als Beispiel für die lateinamerikanischen Tropen sei Venezuela genannt, wo C. Borcherdt (1979) auch funktionale Gesichtspunkte einbeziehende Typen von Betriebsformen ermittelte:

Subsistenz-Betriebe
    Unstete und semipermanente Betriebe:
        Marktorientierte Sammelwirtschaft mit Selbstversorgungsanbau auf Brandrodungsflächen
        Subsistenzbetrieb mit Wanderfelbau und Brandrodung
        Vorherrschende Selbstversorgung und geringe Marktbelieferung bei Wanderfeldbau mit Brandrodung
        Selbstversorgungsanbau mit ungeregelter Landwechselwirtschaft und Dauerkulturen in Mischpflanzung
Marktbeliefernde Betriebe
    Betriebsformen des Feldbaus:
        Vielseitige kleinbäuerliche Finca der tiefen heißen Regionen mit Landwechselwirtschaft

Finca der mittleren und höheren Lagen der Anden mit Getreide- und Kartoffelanbau

Gartenanbau mit geringer Wirtschaftsfläche und seltenem Wechsel des Nutzlandes

Mechanisierter mittel- oder großbäuerlicher Finca-Betrieb mit Spezialisierung auf wenige Marktprodukte

Betriebsformen der Viehwirtschaft:

Kleinbäuerlicher Viehhaltungsbetrieb

Mittelbäuerlicher Aufbaubetrieb (Fundo)

Mittelgroßer Viehzuchtbetrieb (Ganaderia)

Hacienda als intensiver Milchwirtschaftsbetrieb

Hacienda als extensiver Weidewirtschaftsbetrieb

Arbeitsintensiv bewirtschafteter Kleinviehbetrieb (Granja)

Betriebsformen der Pflanzungen:

Fruchtbaum-Granja als intensiv bewirtschafteter Kleinbetrieb

Freizeit-Granja (mit Wochenend-Bewirtschaftung)

Bäuerlicher Betrieb mit Dauerkulturen und Selbstversorgungsanbau

Hacienda als große Pflanzung

Genossenschaftlicher Pflanzungs-Großbetrieb.

Die Typisierung geht von den Produktionszielen aus und untergliedert weiter nach den Formen der Bodennutzung und den agrarsozialen Strukturen. Sie erfaßt das regionale Betriebsformengefüge so detailliert wie möglich und läßt sich mit Abwandlungen auch auf andere Gebiete übertragen.

Speziell für die Belange der Tropen und Subtropen habe ich zusammen mit *Hans Ruthenberg* die *Bodennutzungssysteme* so klassifiziert, wie es in der Abbildung 41 schematisiert ist. Dieses Schema bringt aber das quantitative Verhältnis der einzelnen Systeme ganz unzureichend zum Ausdruck (*Ruthenberg, H.* u. *B. Andreae* 1982, S. 125).

In den USA wurden und werden landwirtschaftliche Betriebssysteme nach der *Struktur des Geldrohertrages* abgegrenzt und benannt. Die Systembezeichnung Tabak-Baumwollfarm sagt dann nichts Direktes über das Anbauverhältnis, auch nichts Näheres über den Arbeits- und Kapitalanspruch, bzw. -verbrauch dieser beiden Betriebszweige aus. Vielmehr besagt sie, daß der

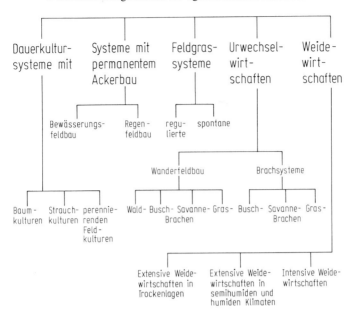

Abb. 41   Bodennutzungssysteme

Tabak den Löwenanteil, die Baumwolle den zweithöchsten Beitrag zum Geldrohertrag der Farm liefert.

Die offizielle Abgrenzung von Betriebssystemen durch unsere Bundesregierung erfolgt seit Anfang der 70er Jahre nach der *Struktur des Standarddeckungsbeitrages.* Diese Betriebssystematik der Agrarwirtschaft schließt auch Gartenbau und Forstwirtschaft ein. Der Standarddeckungsbeitrag ergibt sich aus der Bruttoleistung der einzelnen Betriebszweige nach Abzug der variablen Spezialkosten (vgl. *Andreae, B.* u. *E. Greiser* 1985). Doch alle zuletzt genannten Methoden sind viel zu materialaufwendig, als daß sie bei weltweiten Darstellungen Verwendung finden könnten und stoßen sich vor allem an den Schwierigkeiten der Datenbeschaffung in Entwicklungsländern.

Da Vollständigkeit den Rahmen dieses Buches sprengen würde, sollen hier nur diejenigen Klassifizierungssysteme vorgestellt werden, die als Ordnungsprinzipien in diesem Kapitel zur Anwendung kommen. Es sind zuvörderst:

– *Die Betriebsformen*, d.h. die auf bestimmte Produktionsbedingungen und Wirtschaftsziele ausgerichteten Ausprägungen der einzelbetrieblichen Organisationsformen in der Landwirtschaft und im ländlichen Raum. Hauptordnungsprinzip ist das Produktionsprogramm.

– *die Agrarsysteme*, d.h. „die auf das übergeordnete Wirtschafts- und Sozialsystem ausgerichteten Ausprägungen der institutionellen, wirtschafts- und sozialorganisatorischen und -ethischen Verhältnisse in der Landwirtschaft und im ländlichen Raum" (*H. Röhm*).

Mit diesen beiden Klassifizierungen lassen sich agrarräumliche Einheiten recht gut definieren, wenn man noch den Kulturkreis, den Naturraum oder ein andere geographische Lokalisierung hinzufügt. Die nachfolgende systematische Ordnung von Betriebsformen und Agrarsystemen ist also nicht nur Selbstzweck, sondern zugleich Mittel zum Zwecke der Kennzeichnung von Agrarregionen.

6.1 Landwirtschaftliche Betriebsformen

Dies sind die Formen, in denen Landwirtschaft betrieben wird. Wir verwenden den Begriff „Betriebsform" nicht nur im Hinblick auf die Organisation des Gesamtbetriebes, sondern auch mit Bezug auf einzelne seiner Teile, sprechen also von Betriebsformen der Rindviehhaltung, Schafhaltung, Futterwirtschaft usw. In der Systematik aber ist ausschließlich die Organisationsform ganzer landwirtschaftlicher Betriebe gemeint. Synonym zu Betriebsformen wird häufig von Betriebssystemen gesprochen. Dadurch wird herausgestellt, daß es sich bei einem landwirtschaftlichen Betrieb um ein System handelt, d.h. um ein zweckvolles Ineinandergreifen verschiedener Kräfte und Faktoren, die voneinander abhängig sind. Jede Änderung eines Faktors zieht Änderungen anderer nach sich. Man spricht von einem komplexen Systemzusammenhang, der eben auch für

Agrarbetriebe gilt, wie durch diesen terminus technicus zum Ausdruck kommen soll.

Der Systemcharakter der meisten Agrarbetriebe ist im Wesentlichen darauf zurückzuführen, daß es sich bei der Agrarproduktion in der Regel um Verbundproduktion (vgl. Kap. 2.3) handelt.

Für die Charakterisierung von Betriebsformen muß deshalb die Kennzeichnung des Diversifizierungsgrades von Bedeutung sein.

Ferner sollte für jede ökonomische Einheit die Faktorenkombination berücksichtigt werden, wenn man Betriebsformen abgrenzen will.

Schließlich und vor allem aber dient das Produktionsprogramm als bewährtes Ordnungsprinzip für Agrarbetriebe, Farmen, Ranches, Pflanzungen und Plantagen.

Will man einen Agrarbetrieb ganz konkret, exakt und detailliert kennzeichnen, so muß man alle die genannten Merkmale heranziehen: Diversifizierungsgrad, Faktorenkombination und Produktionsprogramm. Es ergibt sich dann allerdings eine solche Fülle von Kombinationen, daß die Systematik zu umfangreich wird und in Unübersichtlichkeit ausufert. Ein weltweiter Überblick, wie er hier beabsichtigt ist, kann nur durch eine vereinfachte Grobsystematik erreicht werden, die sich jeweils auf nur eines der drei Merkmale beschränkt.

In diesem Kapitel wird das geographische Nebeneinander der Betriebsformen von heute in einem sehr knappen Überblick behandelt, die Standortsorientierung der landwirtschaftlichen Produktion. Die Ordnung der Erscheinungsformen erfolgt nach dem agrargeographisch wichtigsten Kriterium, nämlich dem Produktionsprogramm, und hier wieder primär nach der Struktur der Bodennutzung.

Die anderen beiden Abgrenzungskriterien, Betriebsvielfalt und Faktorenkombination, eignen sich mehr für eine agrarhistorische Schau. Sie wurden daher in dem Kapital 2, welches die Strukturwandlungen des Weltagrarraumes im Wirtschaftswachstum zum Inhalt hat, zur Anwendung gebracht.

Zur Herstellung des räumlichen Bezuges der nachstehenden Betriebssystematik dient die vereinfachte Kartenskizze „Agrar-

Schema

Intensitätsstufe			Produktionsprogramm ⬛	Diversifizierungsgrad		
Extensiv	Arbeitsint.	Kapitalint.		Einseitig	Mehrseitig	Vielseitig
			Graslandregionen:			
▫▫▫			Weidenomadismus		▫	▫▫▫
▫▫▫			Ranchwirtschaften	▫▫▫	▫	
	▫	▫▫▫	Intensive Graslandwirtsch.	▫	▫▫▫	
			Ackerbauregionen:			
▫▫▫	▫		Urwechselwirtschaften	▫	▫▫▫	
▫▫▫	▫		Feldgraswirtschaften		▫▫▫	▫
	▫	▫▫▫	Körnerbauwirtschaften	▫	▫▫▫	
	▫▫▫	▫	Hackfruchtbauwirtschaften		▫	▫▫▫
			Dauerkulturregionen:			
▫▫▫	▫		Sammelwirtschaften		▫	▫▫▫
	▫▫▫	▫	Pflanzungen	▫	▫▫▫	
	▫	▫▫▫	Plantagen	▫▫▫	▫	

▫ ▫ ▫ = häufigste Kombination;   ▫ = zweithäufigste Kombination.

Abb. 42   Agrarregionen im Weltwirtschaftsraum

zonen der Erde" (Abb. 43), der der in der Abbildung 42 gezeigte systematische Rahmen zugrunde liegt.

6.1.1 Sammelwirtschaften

Die Sammelwirtschaft war die Urform menschlicher Betätigung, sei es, daß Früchte, Fische oder Wild das Ziel der Nahrungssuche darstellten. Bei den *Buschleuten* im südlichen Afrika ist sie noch in ursprünglicher Form vertreten.

Zurückgezogen in den Weiten der Kalahari Botswanas und Namibias durchstreifen die Buschmänner in kleinen Horden als Sammler-Jäger das karge, sonnenverbrannte, wüstenähnliche Land und wechseln oft wegen Wasser- und (oder) Nahrungsmangel ihr Grashüttenlager in ständigem Kampf ums Überleben. In der Zentral-Kalahari fehlt zehn Monate des Jahres das

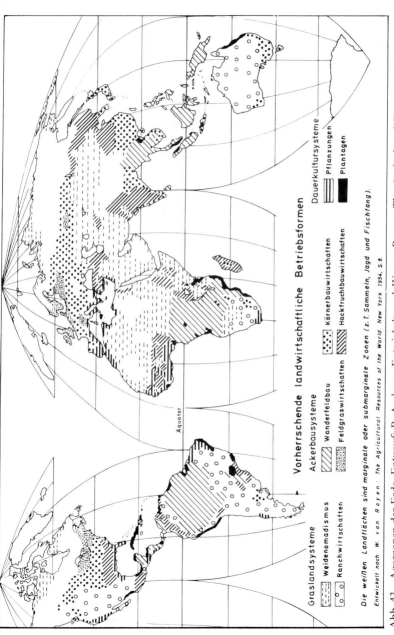

Vorherrschende landwirtschaftliche Betriebsformen

Graslandsysteme
- Weidenomadismus
- Ranchwirtschaften

Ackerbausysteme
- Wanderfeldbau
- Feldgraswirtschaften
- Körnerbauwirtschaften
- Hackfruchtbauwirtschaften

Dauerkultursysteme
- Pflanzungen
- Plantagen

Äquator

Die weißen Landflächen sind marginale oder submarginale Zonen (z.T. Sammeln, Jagd und Fischfang).

Entwickelt nach W. van Royen: The Agricultural Resources of the World. New York 1954, S. 8

Abb. 43 Agrarzonen der Erde. Entwurf: B. Andreae. Entwickelt nach W. van Royen: The Agricultural Resources of the World. New York 1954, S. 8

Wasser völlig. Die Buschleute müssen sich dann mit der Feuchtigkeit begnügen, welche die gesammelte Nahrung enthält: Melonen, Knollen und Wurzeln. Die Frauen sammeln, die Männer jagen. Beides ist mühevoll, weil die Vegetation sehr dürftig ist und deshalb auch nur einen lichten Wildbestand erlaubt. So sind die Jäger oft tagelang unterwegs, bis ein Kudu, ein Steinbock oder ein Wildebeest ihren Giftpfeilen erliegt.

Von den 55 000 noch lebenden Buschleuten arbeiten heute bereits 15 000 auf Farmen von Weißen und etwa 14 000 haben sich viehzüchtenden Schwarzen angeschlossen. Nur etwa 20 000 haben sich noch allen zivilisatorischen Einflüssen entzogen. So geht eines der letzten Urvölker der Erde, welches sich Jahrtausende hindurch den gesamten südafrikanischen Subkontinent nur mit den Hottentotten teilen brauchte, seinem kulturellen Untergang entgegen.

Partiell haben sich Sammeln, Jagd und Fischfang nicht nur in marginalen und submarginalen Regionen erhalten. Relikte finden sich als Hobbies sogar in den reichen Industrieländern: *Beeren- und Pilzesammeln, Waidwerk, Angelsport*. Eine erheblich größere ökonomische Bedeutung hat der *gewerbsmäßige Fischfang*. Bei den kombinierten Agrar-Fischfang-Betrieben an den Küsten Norwegens ist manchmal schwer herauszufinden, welches der Haupt- und welches der Nebenerwerb ist.

Japan, welches den ersten Platz unter den Fichereinationen der Welt hält, hat 1977 10,764 Mio. t Fische angelandet und 9299 Wale gefangen. 1978 waren 444 000 Erwerbstätige im Fischfang erfaßt, einer modernen Form des Wildbeutertums.

Partiellen Lebensunterhalt bietet oft noch das Sammeln an wildwachsenen Bäumen und Sträuchern. In reiner Aneigungswirtschaft okkupiert man Pflanzenteile oder ganze Pflanzen. Dieses steht oft in Verbindung mit Jagd und Fischfang der autochthonen Bevölkerung, mit oder ohne Ergänzung durch Akkerbau oder (und) Viehhaltung. Neben der Eigenversorgung mit Nahrung dient die Sammelwirtschaft häufig auch dem Gelderwerb. Beispiele sind:
– Sammlung wilder Ölpalmnüsse in Teilen Westafrikas;
– Sammlung von Wildhonig in Tansania;
– Sammlung von Kaffeebohnen an Wildsträuchern Äthiopiens;

– Sammlung von Gummi Arabicum im Sudan und im Amazonasbecken usw.

Alle diese Sammeltätigkeiten setzen reichlich Arbeitskraft, große, besitzlose Bodenflächen und Mangel an Kapital voraus, also unterste volkswirtschaftliche Entwicklungsstufen. Die fast vollständige Verdrängung der Wildkautschukgewinnung Amazoniens durch die Kautschukplantagen Malaysias und Indonesiens zeigt, daß erstere der Konkurrenz der letzteren nicht mehr gewachsen ist, sobald die Löhne stärker steigen, die Verbilligung der Kapitalgüter die Entstehung von Plantagen zuläßt und die Qualitätsansprüche des Weltmarktes dazu herausfordern, Wildformen durch Kulturformen, Wildwuchs durch kontrollierten Wuchs, die Heterogenität des Urwaldes durch die Homogenität der Pflanzung sowie die Primitivformen der Aufbereitung durch hochentwickelte Technologien zu ersetzen.

6.1.2 Graslandsysteme

Wenn im folgenden nach Maßgabe des Produktionsprogrammes Grasland-, Ackerbau- und Dauerkultursysteme herausgestellt werden, so ist zu berücksichtigen, daß diese durchaus nicht immer in reiner Form vorkommen. Vielmehr sind Übergangs- und Mischsysteme häufig, z. B. in der Form, daß ein Grünlandbetrieb der Elbmarsch 30% LF Ackerland bewirtschaftet, daß eine Getreide-Brachwirtschaft im Staate Kansas oder eine Kaffeeplantage im Staate Sao Paulo nicht unerhebliche Naturweiden besitzen, daß Weinbaubetriebe Kalabriens oder Kakaobetriebe Ghanas über Ackerflächen zur Selbstversorgung und zum Arbeitsausgleich verfügen usw. Will man aber das Wesentliche erkennen und einen Überblick gewinnen, so kann von dem mehr- oder vielseitigen Produktionsprogramm der Agrarbetriebe eben immer nur das ökonomische Gewichtigste herausgestellt werden. Das gilt nicht nur für die drei Hauptkategorien Grasland-, Ackerbau- und Dauerkultursysteme, sondern auch für ihre Untergruppen.

6.1.2.1 Weidenomadismus

Die nomadische, hauswirtschaftlich orientierte Weidewirtschaft findet sich heute nur noch in extremen Trockengebieten ungünstiger Verkehrslagen. Bei in solchen Regionen sehr geringen und sehr unsicheren Niederschlägen muß der jahreszeitliche Futterausgleich und die regelmäßige Trink- und Tränkwasserversorgung durch große Wanderbewegungen gesucht und gefunden werden. Die Migrationen haben im übrigen noch eine Reihe weiterer Motive.

Alle Formen der Fernweidewirtschaft bilden sich bevorzugt dort aus, wo durch Höhenzüge, Gebirge und Täler der Vegetationsrhythmus innerhalb des Jahres in relativ kleinen Regionen relativ große Differenzierungen zeigt; denn dort ist der jahreszeitliche Futterausgleich ja mit verhältnismäßig kurzen jährlichen Marschstrecken erreichbar. *B. Grzimek* hat in seinem Buche „Serengeti darf nicht sterben" anschaulich und überzeugend nachgewiesen, daß die ostafrikanischen Wildarten auf große Wanderbewegungen angewiesen sind und daß deshalb der Serengeti-Wildpark in seinen Dimensionen nicht weiter beschnitten werden darf, wenn ein lückenloser jahreszeitlicher Futterausgleich gewährleistet bleiben soll. Ebenso wie die Wildarten müssen auch die Haustiere der Nomaden in Trockengebieten ihren Futter- und Tränkwasserbedarf durch Wanderbewegungen befriedigen, wenn keine Zufütterung von Menschenhand erfolgt. Die Nomadenvölker aber, die auf diese Haustiere angewiesen sind – es handelt sich in jedem Falle um sehr anspruchslose Tierarten –, begleiten ihre Herden auf ihren Wanderwegen.

Eine Sonderform der Fernweidewirtschaft ist die *Transhumance*, die auf dem Balkan und anderenorts verbreitet ist und zu der man auch noch die süddeutsche Wanderschäferei zählen kann. Der wesentliche Unterschied zum Nomadismus liegt darin, daß die Herden einer seßhaften, zumeist Ackerbau treibenden Bevölkerung gehören und von gedungenen Hirten geführt werden.

6.1.2.2 Ranchwirtschaften

Auch hier handelt es sich zumeist um Landwirtschaft im Grenzbereich der Ökumene. In dem amerikanischen Wüstenstaat Arizona geht die extensive Schafweidewirtschaft bis in Regionen mit 150 mm Jahresniederschlag. In der südwestafrikanischen Wüste Namib finden sich Schafweidewirtschaften sogar noch bei 100 mm Jahresregen. Die obere Niederschlagsgrenze der Ranchwirtschaft ist in Trockengebieten zumeist dort gelegen, wo die Getreide-Brachwirtschaft möglich, d. h. überlegen wird. Neben den Niederschlagsverhältnissen beeinflussen weitere Faktoren die Wettbewerbsbedingungen dieser beiden für die Trockengebiete wichtigen Betriebsformen, der Ranchwirtschaft und der Trockenfarmerei, so daß eine feste Niederschlagsgrenze zwischen beiden nicht gezogen werden kann.

Auch die Formenvielfalt der Ranchwirtschaften wird deutlich durch Höhe und Verteilung der Niederschläge geprägt. Daneben ist die äußere Verkehrslage maßgebend, weil sie darüber entscheidet, ob Milch verkauft oder wenigstens einmal wöchentlich Rahm abgeliefert werden kann, ob man sich auf Aufzucht und Mast von Rindvieh beschränken muß oder ob sich in peripheren Zonen des Weltverkehrs sogar die Produktion von Häuten, Wolle oder Fellen gebietet.

Die Ranchwirtschaft bildet in der großen Skala landwirtschaftlicher Betriebsformen ein ausgesprochenes Extrem. Zunächst einmal ist sie das extensivste Betriebssystem überhaupt. Zugkräfte fehlen weitgehend und Mineraldünger wird nicht angewandt. Infolgedessen bleibt die Bodenproduktivität extrem niedrig. Dagegen erreicht die Netto-Arbeitsproduktivität zumeist relativ hohe Werte. An Kapitalanlagen sind im wesentlichen nur die Bodenflächen, die Zaun- und Tränkanlagen und die Viehherden vorhanden. Der Bodenwert je Hektar ist zwar sehr niedrig; trotzdem fällt das Bodenkapital stark in die Waagschale, weil die Ranchwirtschaft nur großflächig möglich ist. Die Zaun- und Tränkanlagen verschlingen beträchtliche Investitionen. Insgesamt ist der Ranchbetrieb so kapitalintensiv, daß er sich deutlich auf die Siedlungsgebiete der Weißen konzentriert.

Die Tatsache, daß die extensive Weidewirtschaft nur auf sehr großen Flächen möglich ist, beruht einmal darauf, daß die Ergiebigkeit pro Hektar nur gering sein kann, und zum anderen auf der Kostenstruktur der extensiven Weidewirtschaft. Diese Kostenstruktur verdeutlicht, daß der überwiegende Teil der Kosten in dem Einkommensanspruch des Farmers, den Aufwendungen für Lohnarbeitskräfte und den Aufwendungen für Fahrzeuge und Motoren besteht. Alle diese Kosten sind aber von der Herdengröße weitgehend unabhängig. Der Besatz an Fahrzeugen, Motoren und Arbeitskräften ändert sich kaum, wenn der Viehbesatz von 300 auf 800 Rinder oder von 800 auf 2000 Schafe ansteigt. Da aber eine Vergrößerung des Viehbesatzes nicht über eine Steigerung der Bewirtschaftungsintensität, sondern nur über eine Ausweitung der Bodenflächen möglich ist, wird die Festkostenbelastung um so geringer, je größer die Bodenflächen der Farm und damit auch die Viehherden werden.

6.1.2.3 Intensive Grünlandwirtschaften

Während die extensiven Graslandsysteme das Merkmal tragen, daß der Landwirt sich Futtermangelzeiten durch Produktionsrichtung, Tier- und Rassenwahl, Wahl der Gebär-, Schur-, Verkaufszeiten usw. passiv anpaßt, zeichnen sich die intensiven Graslandsysteme durch aktive Überwindung der Futtermangelzeiten mittels Futterwerbung und Futterzukauf aus. Das ist nur bei günstigen Preis-Kostenverhältnissen möglich, die einen hohen Arbeits- und Sachaufwand je Hektar zulassen. Intensive Graslandsysteme sind daher nur in stärker industrialisierten Staaten zu finden.

Der ökonomisch und ökologisch bedingten Varianten gibt es viele. Hier seien nur drei Klimatypen herausgestellt:

1. Die *polare Futterbauzone* umspannt als ein Gürtel den gesamten Erdball: Skandinavien, Nordrußland und das nördliche Kanada. Die Ursachen für den polwärts immer mehr in den Vordergrund tretenden Futterbau sind die Verkürzung der Vegetationszeit und die besonderen Belichtungs- und Wärmeverhältnisse im Bereich der Mitternachtssonne. Diese Umstände begünstigen einseitig mehrjährige Kulturen, welche al-

lein in der Lage sind, die kurze Vegetationszeit voll auszunutzen.

Der Futterbau wird also im Wettbewerb mit dem Marktfruchtbau polwärts immer stärker, bis er letzteren schließlich ganz verdrängt.

2. Zu den *maritimen Futterbauzonen* gehören diejenigen des nordwestdeutschen und niederländischen Küstenraumes, Großbritanniens und der Halbinsel Cherbourg. Hier sind es weniger hohe als vielmehr gut verteilte Niederschläge, oft in Form von Nebel und Nieselregen, und hohe Luftfeuchtigkeit, die den Futterbau begünstigen. Aus verschiedenen Gründen eignet sich das maritime Klima besser für die Weide- als für die Wiesennutzung. Im wintermilden Klima der Normandie, welches fast ganzjährigen Weidegang zuläßt, ist dieser Umstand günstig, während er im winterkälteren deutschen Marschengürtel Winterfutterknappheit verursacht und damit Betriebsformen der Rindviehhaltung nahelegt, die eine saisonmäßige Anpassung der Viehbesatzstärke an den Futteranfall ermöglichen (Aufzucht- und Weidemastbetriebe).

3. In der *montanen Futterbauzone* summieren sich Kürze der Vegetationszeit und Klimafeuchtigkeit bei Ausprägung der Agrarregionen. So ist es nicht verwunderlich, daß die Futterbauwirtschaften gerade im Hochgebirge extreme Formen annehmen. Das größte geschlossene montane Futterbaugebiet Europas ist der Alpenraum einschließlich der Alpenfußgebiete. Aber auch in fast allen europäischen Mittelgebirgen findet sich bei bestimmter Höhenlage die Futterbauwirtschaft ein. Das Gebirgsklima begünstigt die Mäh- gegenüber der Weidenutzung. Das wirkt sich vorteilhaft auf die Wirtschaftsführung aus, einmal, weil der Winter lang, der Winterfutterbedarf deshalb groß ist, und zum anderen, weil dieser Umstand den jahreszeitlichen Futterausgleich erleichtert. Gegenüber der maritimen Futterbauzone ist der Futterausgleich in der montanen also weniger problematisch, so daß hier die Milchviehhaltung dominieren kann, während dort ein größerer Anteil Jung- und Mastvieh vorhanden sein muß.

Das Agrarprogramm Futterbau-Rindviehhaltung ist neben bestimmten Dauerkulturen das einzige in der europäischen

Landwirtschaft, welches Monoproduktion zuläßt. In Futter-
baubetrieben bis etwa 30 ha Größe ist heute eine der wichtigsten
Rationalisierungsmaßnahmen der Verzicht auf kleine Restak-
kerflächen und der Übergang zum reinen Grünlandbetrieb als
extreme Form der Spezialisierung.

6.1.3 Ackerbausysteme

Arbeits- und düngerintensiver als die Graslandsysteme sind
zumeist, aber nicht immer, die Ackerbausysteme, weil sie eine
jährliche Bodenbearbeitung, Saat oder Pflanzung und Ernte von
Menschenhand erfordern, während letztere beim Graslandsy-
stem zumindest teilweise vom Weidetier selbst erledigt wird.
Auch ist die Nährstoffausfuhr aus dem Betrieb im Falle des
Ackerbaues größer und diese Nährstoffe müssen wieder zugeführt werden.

6.1.3.1 Wanderfeldbau (Shifting Cultivation)

Für Urwechselwirtschaften trifft alles dieses nur begrenzt zu;
denn sie sparen Arbeit und Nährstoffe durch periodische Umlage des Ackerlandes in der Urvegetation. Wo diese in Grasforma-
tionen besteht, ist der Ursprung des Ackerbaues die *Steppenumlagewirtschaft*, welche auch in großen Teilen Europas am Anfang einer zweitausendjährigen Entwicklung stand. *C. Tacitus*
schrieb in seiner „Germania" in bezug auf dieses Ackerbausystem: „Arva per annos mutant et super est ager", was nach *Fr.
Aereboe* (1923) so zu deuten ist: „Die Saatfelder wechseln alljährlich, und genug Land zur Ackernutzung ist noch übrig".
Solange die Besiedlung der Steppen noch sehr locker ist und
der für Ackernutzung in Betracht kommende Boden überwiegend aus Naturgrasland besteht, bricht man mit Grabstock,
Hacke, später mit dem Pflug ein kleines Stück Grasland um,
baut hier zwei bis vier Jahre lang Kulturpflanzen, zumeist Hirse,
an, bis durch den Mangel an gründlicher Bodenbearbeitung und
bei Fehlen jeglicher Düngung die Erträge absinken, überläßt das
Land dann wieder für viele Jahre der natürlichen Begrasung
zwecks Wiederherstellung der Bodenfruchtbarkeit und nimmt

statt dessen ein anderes Stück Land auf die beschriebene Weise in Kultur. Später kehrt man mit dem Getreidebau in langjährigem Turnus wieder auf die schon einmal genutzten Flächen zurück.

In ursprünglichen Waldlandschaften wird u. U. das gleiche Prinzip verfolgt. In den Feuchtsavannen und im tropischen Regenwaldgürtel ist die gesamte Betriebsorganisation und -führung ein einziger Kampf gegen Nässe und Feuchtigkeit bei bis zu 3000 mm Regen pro Jahr. Erosion und Unkrautwuchs, Humusschwund und Bodenstrukturzerfall führen dazu, daß die Ernten auf dem gerodeten Urwaldboden in wenigen Jahren stark zurückgehen und daß gleichzeitig der Aufwand für Bodenbearbeitung von Jahr zu Jahr steigt. Es gibt bislang kaum ein besseres Mittel, als den zwei bis vier Jahre lang genutzten Boden dem Urwald zurückzugeben und statt dessen ein neues Stück Urwald mittels Brandkultur in Nutzung zu nehmen: *Waldbrandwirtschaft* als extreme Anpassung an extreme Naturbedingungen. Ca. 250 Mio. Menschen auf ca. 36 Mio. km^2 leben heute noch in dieser Wirtschaftsform.

Andere Formen der Urwechselwirtschaft waren die *Haubergswirtschaft, die Schiffelwirtschaft* oder die *Moorbrandwirtschaft*. Sie alle verfolgen das Ziel, mittels Einsatz großer Bodenflächen und nur periodischer Ackernutzung die Regeneration der durch den Ackerbau geschädigten Bodenfruchtbarkeit der Natur selbst zu überlassen, um an Arbeit und Dünger zu sparen.

6.1.3.2 Feldgraswirtschaften

Auch die Feldgraswirtschaften, welche zwischen einjährigen Nahrungsfrüchten und mehrjährigen Futterkulturen wechseln, verfolgen in beschränktem Umfange noch das gleiche Prinzip; denn die mehrjährige Futterkultur spart Bodenbearbeitung, Saat und Pflege, im Falle der Weidenutzung auch die Ernte, und während der Baujahre verlieren sich die Grasland- und während der Grasjahre die Ackerunkräuter. Das Feldfutter produziert Wurzelhumus, der den Nahrungsfrüchten anschließend zugute kommt. Aufbau von Bodenfruchtbarkeit durch die Futterkultu-

ren und Abbau derselben durch die Nahrungsfrüchte lösen einander sinnvoll ab.
Feldgraswirtschaften bilden sich dort aus, wo

entweder   die Vegetationszeit kurz ist (Nordeuropa)
oder   die Niederschläge hoch sind (Gebirgslagen, *Hochland* Ostafrikas)
oder   die Niederschläge zwar nicht sehr hoch, aber *gleichmäßig verteilt* und mit einer hohen Luftfeuchtigkeit verbunden sind (nordatlantischer Küstenraum Europas und Amerikas)
oder   die Niederschläge zwar nicht sehr hoch sind, aber durch künstliche *Bewässerung* unterstützt werden.

In *Nordeuropa* zeigt sich sehr deutlich, daß die Nutzungsdauer des Feldgrases um so länger wird, die Formen der Feldgraswirtschaft also um so extensiveren Charakter annehmen, je mehr sich die Vegetationszeit mit Annäherung an den Polarkreis verkürzt. In Jütland und Schonen ist eine nur zweijährige Nutzungsdauer des Feldgrases typisch, in Mittelschweden schon eine dreijährige. Beim Fortschreiten in die nördlichen Breitengrade wird sie auf vier, sechs und mehr Jahre verlängert.

In *Großbritannien* ist nicht nur eine Süd-Nord-, sondern auch eine Ost-West-Differenzierung der Feldgraswirtschaften erkennbar. Die Süd-Nord-Differenzierung wird wieder durch die Verkürzung der Vegetationszeit in Richtung Schottland hervorgerufen, die Ost-West-Differenzierung dagegen durch das allmähliche Ansteigen des Geländeniveaus von der Ostküste nach Westen zu bis in die Gebirgsbereiche von Cornwall, Wales und Cumberland.

Im *Alpenraum* müssen besonders extreme Formen der Feldgraswirtschaft auftreten, weil hier hohe Niederschläge und kurze Vegetationszeit zusammentreffen.

Die *Poebene* ist ein Repräsentant der auf künstlicher Bewässerung beruhenden Feldgraswirtschaft. Das warme Klima, verbunden mit reichlichen, aus den Alpen zufließenden Wasservorräten, hat hier außerordentlich produktive Feldgraswirtschaften entstehen lassen, die bei großer Schnitthäufigkeit einen hohen Viehbesatz ermöglichen. Diese Landbauzonen sind die wichtigsten Milchproduktionsgebiete Italiens.

6.1.3.3 Körnerbauwirtschaften

Urwechsel-, Feldgras- und Körnerbauwirtschaften sind an sich von Haus aus extensive Ackerbausysteme. Und doch besitzen sie eine beträchtliche Intensitätsspanne:

- die Urwechselwirtschaften durch die Umtriebszeit und die Wahl de Feldfrüchte;
- die Feldgraswirtschaften durch das Gras-Baujahreverhältnis und das Nutzungsverhältnis der Baujahre und
- die Körnerbauwirtschaften in weltweitem Rahmen in erster Linie durch die Erntehäufigkeit.

Es gibt Trockensteppen, welche nach dem Prinzip des Dry Farming zur Wasserersparnis nur nach der Rotation 1. Brache – 2. Brache – 2. Gerste ackerbaulich nutzbar sind, so daß nur jedes dritte Jahr eine Ernte eingebracht werden kann. Bei etwa 300 mm Niederschlag wie im Columbia-Becken der USA kann man jedes zweite Jahr eine Ernte nehmen. Fallen 350 bis 400 mm Regen, wie in großen Trockengebieten von Kansas, der Kapprovinz, des Irans oder Australiens, so braucht man nur noch jedes dritte Jahr eine Brache in die Fruchtfolge einzuschieben, so daß zwei Drittel der Ackerfläche für Saat und Ernte zur Verfügung stehen.

Im Mittelalter war auch fast ganz Europa und in großen Teilen Asiens die Brachdreifelderwirtschaft gang und gäbe, doch hatte das nicht ökologische, sondern ökonomische Gründe.

Heute kann der Acker in Mitteleuropa jedes Jahr eine Getrei-

Übersicht 20: Fruchtfolgebeispiele westdeutscher Körnerbauwirtschaften

Süddeutsche Maisbaulagen	*Rhein/Main- Gebiet*	*Lüneburger Heide*	*Insel Fehmarn*
1. *Grassamenbau*	1. *Spätmais*	1. W. Roggen-Zwfr.	1. *W. Raps*
2. *Grassamenbau*	2. S. Gerste, Hafer	2. S. Gerste-Zwfr.	2. *W. Raps*
3. W. Weizen	3. W. Weizen	3. S. Gerste	3. W. Weizen
4. S. Gerste	4. *Frühmais*	4. W. Roggen-Zwfr.	4. W. Weizen
5. *Körnermais*	5. W. Weizen	5. S. Gerste-Zwfr.	5. Hafer
6. S. Gerste-U.S.	6. S. Gerste	6. S. Gerste	6. W. Gerste

deernte tragen und ist sogar hoher Erträge spezieller Intensität fähig.

Fruchtfolgen wie diejenigen der Übersicht 20 sind in Westdeutschland neuerdings sehr beliebt, weil sie mit hoher ökonomischer Effizienz vollmechanisierbar sind, deshalb mit 2 bis 3 AK/100 ha LF auskommen und eine entsprechend hohe Arbeitsproduktivität erzielen. In warmen Ländern, in denen das Pflanzenwachstum ganzjährig andauert, kann man sogar mehr als eine Körnerernte im gleichen Jahre vom gleichen Feld gewinnen. So findet man im südlichen Japan die Rotation:

1. Jahr, Winter: W. Raps
   Sommer: Reis
2. Jahr, Winter: W. Getr.
   Sommer: Reis

Auch in Nordchile, Ägypten und in anderen warmen Ländern können zwei Körnerfrüchte im gleichen Jahr angebaut werden. In der Regel ist dann aber künstliche Bewässerung die Voraussetzung dafür, daß Trockenzeiten überbrückt und ganzjähriges Pflanzenwachstum möglich werden. In Taiwan und Guyana können Naßreisfelder sogar drei Ernten im gleichen Jahre tragen.

Ordnet man die Körnerbauwirtschaften nach dem Ackernutzungsgrad, d.h. nach der Erntequote des Ackerlandes, so reicht die Intensitätsspanne also von 33,3% bei der Rotation. 1. Brache – 2. Brache – 3. Getreide bis zu 300% bei dreimaliger Reisanbaufolge im gleichen Jahre.

6.1.3.4 Hackfruchtbauwirtschaften

Der Körnerfruchtbau gewährleistet die höhere Arbeitsproduktivität, der Hackfruchtbau die höhere Bodenproduktivität. Unter gleichen ökologischen Verhältnissen müssen daher dichtbesiedelte Länder den Hackfruchtbau stärker betonen als dünnbesiedelte. Im gleichen Lande werden kleinere Betriebe hackfruchtstärker wirtschaften als größere.

Auch bei den Hackfruchtbauwirtschaften sind Intensitätsstufen zu unterscheiden, die einmal auf den Ackernutzungsgrad

Übersicht 21: Fruchtfolgebeispiele aus Hackfruchtbauwirtschaften mit wechselndem Ackernutzungsgrad[1])

Sibirische Nadel-	*Magdeburger*	*Nil-Delta*
waldzone	*Börde*	
kürzer	Vegetationszeit	länger
1. Hackfrüchte	1. Kartoffeln und	1. Baumwolle (Febr.–Okt.)
oder Vollbrache	Gemüse	2. Gemüse, Bohnen, Klee
2. S. Getreide	2. Z. Rüben	(Nov.–Mai) Brache
3. Vollbrache	3. S. Gerste	3. a) Weizen, Gerste
4. S. Getreide	4. W. Weizen	(Okt.–Mai)
5. S. Getreide	5. Z. Rüben	b) Mais (Juli–Okt.)
		– Zwfr. (Nov.–Dez.)

	Ackernutzungsgrad	
70%	100%	133%

Uttar Pradesh/	*Khuzestan/Iran*	*Südjapan*
Indien kürzer	Vegetationszeit	länger
	bzw. zunehmende	
	Wasservorräte	
1. Zuckerrohr	1. a) Z. Rüben	Frühling: Gemüse
2. a) Mais	(Sept.–Mai)	Sommer: Gemüse
b) Weizen/	b) Sudangras	Winter: W. Getreide
Kirchererbsen	(Mai–Sept.)	
3. a) Baumwolle	2. a) Futterraps	
b) Feldfutter	(Okt.–Febr.)	
	b) Luzerne	
	(Aussaat Febr.)	
	3.–4. Luzerne	
	5. Weizen	
	(Dez.–Mai)	
	– Zwfr.	

	Ackernutzungsgrad	
167%	(180%)	300%

[1]) 1., 2. usw. = Jahre; a), b) usw. = im gleichen Jahr sich folgende Früchte

und zum anderen auf die bevorzugten Hackfruchtarten zurückzuführen sind. Einige Beispiele zeigt die Übersicht 21.

Werden kurzlebige Kulturpflanzen in wintermilden Klimaten bei ausreichenden Wasservorräten angebaut, so steigt die Erntehäufigkeit beträchtlich. In Süditalien ist die Ernte von drei bis vier Gemüsearten im gleichen Jahr ohne weiteres möglich. In den gegen Nord- und Ostwinde geschützten Lagen am Vesuv kann man sogar fünf- bis achtmal jährlich kurzlebiges Gemüse aufeinander folgen lassen, z. B. in dieser Weise:

Nov. bis Jan.:   *Blumenkohl*
Febr. bis März: *Rosen- oder Grünkohl*
April bis Mai: *Karotten*
Juni bis August: *Paprika*
Sept. bis Okt.:   *Grünerbsen.*

Die Hackfrüchte sind botanisch eine ganz heterogene Gruppe. Die Sammelbezeichnung deutet auf eine bestimmte Verfahrenstechnik, die Hackkultur, hin, der auf bestimmten Entwicklungsstufen so gut wie alle Acker- und Dauerkulturen unterworfen werden müssen. In Südostasien ist Arbeit extrem billig, und Boden und Kapital sind extrem teuer. Der Reis wird hier angezogen, verpflanzt, gehackt, gejätet, mit der Sichel geerntet und mit Dreschflegel oder -schlitten ausgedroschen.

Er ist hier unzweifelhaft eine Hackfrucht, wenngleich er botanisch zum Getreide (Gramineen) zählt. In den USA sind Boden und Kapital vergleichsweise billig, Arbeit aber ist sehr teuer. Im kalifornischen Sacramento-Tal wird der Reis deshalb eindeutig wie Getreide kultiviert: Aussaat, Düngung und Pflanzenschutz erfolgen mit dem Flugzeug, die Ernte mit gigantischen Mähdreschern.

Man kann ebensowenig daran zweifeln, daß der Körnermais in feuchttropischen Entwicklungsländern als Hackfrucht zu gelten hat, wie daran, daß er in hochindustrialisierten Ländern alle Merkmale der Getreidekultur trägt. Selbst der Zuckerrübenbau hat bei uns den Charakter einer Hackfrucht verloren, wo seine völlig handarbeitslose Pflege Eingang gefunden hat.

Man könnte manche weitere Beispiele dafür auswählen, daß viele Betriebszweige im Zuge der volkswirtschaftlichen Entwicklung ihr betriebswirtschaftliches Wesen wandeln. Man muß daher zu einer unterschiedlichen systematischen Ordnung der Agrarbetriebe kommen, je nach dem, ob man mehr die Produktionsrichtung oder mehr die Verfahrenstechnik im Auge hat.

6.1.4 Dauerkultursysteme

Dauerkulturen haben eine mehr- bis langjährige Lebensdauer. Das hat erhebliche betriebswirtschaftliche Konsequenzen, z. B. daß
– nicht jährlich gesät oder gepflanzt zu werden braucht;
– eine bessere Kampfkraft gegen Unkräuter besteht;
  ein tieferes Wurzelsystem Dürrezeiten besser überwinden läßt;
– in einer ertragslosen Jugendperiode Kosten auflaufen, denen noch keine Leistungen gegenüberstehen;
– die strauch- oder baumartige Wuchsform Ernteerschwernisse mit sich bringt usw.

Der großen Intensitätsspanne innerhalb dieser Agrarbetriebe wird man zweckmäßigerweise dadurch gerecht, daß man folgende Dreigliederung trifft (Unter Einschluß entspr. Formen der Sammelwirtschaft):
1. Sammelwirtschaften: nur Ernteaufwand;
2. Pflanzungen: Anbau- und Ernteaufwand sowie
3. Plantagen: Anbau-, Ernte- und Ernteverarbeitungsaufwand.

6.1.4.1 Pflanzungen

Die große Zahl der Baum- und Strauchkulturen kann man nach verschiedenen Gesichtspunkten ordnen, z. B. danach,
– ob sie Grundnahrungs- oder Genußmittel liefern und damit im Zusammenhang
– ob sie der Selbstversorgung oder dem Export dienen;
– ob sie dem bäuerlichen oder dem Großbetrieb zuneigen, d. h.
– ob sie von Haus aus arbeits- oder kapitalintensiven Charakter tragen;
– welche Klima- und Bodenverhältnisse sie bevorzugen;
– ob sie transportempfindliche oder transportfähige Produkte

liefern, d. h. wieweit sie verkehrsgeographisch gebunden sind
oder
- ob ihre Erzeugnisse nur einer einfachen technischen Aufbereitung durch Reinigung Sortierung und Trennung der Früchte
von Schalen, Hülsen usw. bedürfen oder ob eine industrielle
Weiterverarbeitung höheren Grades mit Hilfe physikalischer
oder chemischer Mittel erforderlich ist.
Der letztere Unterschied trennt im allgemeinen Pflanzungen von
Plantagen. Einige Beispielskulturen sind in der Übersicht 22
charakterisiert. Plantagen sind immer Großbetriebe, während
Pflanzungen allen Betriebsgrößenklassen zugänglich sind.

In Europa spielen sich die Pflanzungen von Weinreben, Apfel-
und Zwetschengenbäumen, Hopfen, Pfirsich- und Aprikosen-
sträuchern, Öl- und Mandelbäumen normalerweise in bäuerlichen Betrieben ab. Wo eine Weiterverarbeitung nötig ist, bedient
man sich in unserem verkehrsmäßig gut erschlossenen Raum
gemeinschaftlicher Anlagen. So ist der primitive Weinausbau im
bäuerlichen Keller mehr und mehr der Verarbeitung in winzer-
genossenschaftlichen modernen Großanlagen gewichen. In den
Tropen sind ausgesprochen bäuerliche Kulturen, z. B. Öl- und
Kokospalme sowie Kakao. Die wenig einheitliche Qualität größerer Exportmengen wirkt sich aber nachteilig aus, wenn nicht
Marketing Boards Abhilfe schaffen. Kautschuk- und Kaffekul-
turen sind sowohl dem bäuerlichen als auch dem Großbetrieb
zugänglich.

6.1.4.2 Plantagen

Als Plantagen sollte man nur solche marktorientierten groß-
betrieblichen Pflanzungen von Baum- und Strauchkulturen bezeichnen, die auch über Aufbereitungsanlagen für ihre Ernteprodukte verfügen (Tee-, Zucker-, Sisalfabriken, Ölmühlen,
Kaffeeaufbereitungsanlagen usw.). Besonders in Ländern der
tropischen Regenklimate entfallen oft wesentliche Anteile des
Gesamtexports auf Produkte von Baum- und Strauchkulturen,
und zwar in der letzten verfügbaren Vierjahresperiode vor 1980
(Institut f. Sozialökonomie d. Agrarentwicklung 1982):
auf Zucker, Zuckerprodukte und Honig: in Mauritius 85%, in

Übersicht 22: Pflanzungs- und Plantagenkulturen im betriebswirtschaftlichen Vergleich (Annäherungswerte)

Betriebswirtschaftliche Kriterien	Pflanzungskulturen				Plantagenkulturen			
	Ölpalme	Kaffee (C. Robusta)	Dattel	Faserbanane	Zuckerrohr	Sisal	Ananas	Tee
Bevorzugte Klimazone	Feuchte Tropen	Feuchte Tropen	Subtropen, Wüsten	Trop. Regenwald	Feuchtsavanne	Trop. Höhenlagen	Feuchte Tropen	Trop. Höhenlagen
Nutzungsdauer, Jahre	50	100	60–90	10–15	1–9	5–9	4–6	über 50
Arbeitsaufwand, AKh/ha/J.	350	740	1000	850–1200	630	630	600	3200–5600
Anfangsinvestitionen, DM/ha (etwa)	1600	800			2000–2300	2500–3000		4000–12000
Ernteaufbereitung in Kleinanlage (K) oder Fabrik (F)	F, (K)	K, (F)	K, (F)	K, (F)	F	F	F, (K)	F, (K)
Bodenproduktivität, brutto, DM/ha (etwa)	850	1440	1600	830	3000	1200	14200	1300
Arbeitsproduktivität, brutto, DM/AKh (etwa)	2,06	1,95	1,60	0,83	4,75	1,90	23,67	0,51

Réunion 83%, in Belize 69%, in Kuba 61%, in Swasiland 60%, in Fiji über 50%, in Guyana und der Dominikanischen Republik je 42% und in Barbados 37%:

auf Kaffee: in Uganda 76%, in Ruanda 68% und in Kolumbien 54%;

auf Kakao: in Ghana 69%;

auf Baumwolle: im Tschad 64%, auf den Malediven 60%, im Nordjemen 47%, in Mali 45% und im Sudan 44%;

auf Vieh: in Somalia 61%;

auf Kopra: in Vanuatu 53% und auf Samoa mehr als 40%;

auf Erdnüsse: in Gambia 53%;

auf Wolle: in Lesotho mehr als 50%;

auf Fleisch und Fleischprodukte: in Botswana über 50%;

auf Textilfasern: in Bangladesh 50%;

auf Tee: in Sri Lanka 47% und

auf Tabak: in Malawi ebenfalls 47%.

Weiter sei die überragende Bedeutung der Plantagenkulturen Kaffee für Guatemala und Brasilien, Kautschuk für Malaysia, Tee für Indien sowie Zuckerrohr für Java hervorgehoben. Sisal und Zuckerrohr stehen an der Grenze zwischen Feldfrüchten und Strauchkulturen.

Bei dieser Gelegenheit sei auch erwähnt, daß für Algerien der Wein als Exportprodukt eine große Rolle spielt. Als Ergebnis der jeweiligen natürlichen und wirtschaftlichen Produktionsbedingungen haben manche Entwicklungsländer die Spezialisierung auf nur wenige Exportprodukte nicht bei Dauerkulturen, sondern im Ackerbau vorgenommen. Hier ist zum Beispiel die Schwerpunktbildung von Ägypten im Baumwollbau oder von Bangladesh im Jutebau zu erwähnen.

Plantagen neigen zur Monoproduktion oder doch zum mindesten zur Spezialisierung. Nicht nur die durch die Betriebsgröße bedingte Mechanisierung der Pflanzung, sondern auch die Mechanisierung der Ernteaufbereitung fördern eine Spezialisierung. Die Verarbeitungsindustrie tendiert wegen der Kostendegression bei Massenproduktion zu Großunternehmungen, die zur Transportkostenersparnis die umliegenden Landbauzonen in eine spezialisierte Produktionsrichtung drängen. Es ist das nichts anderes als eine Konzentration der Absatzmärkte der

Landwirtschaft, die eine Verstärkung der differenzierenden Kraft der äußeren Verkehrslage zur Folge hat. Diese wiederum führt zu einer regionalen Angebotskonzentration, die sich in Teelandschaften, Zuckerrohrlandschaften, Sisallandschaften usw. im Umland der Fabriken dokumentiert.

Die Konzentration einer Reihe von Dauerkulturen in den feuchten Tropen sollte in Zukunft noch weit mehr als gegenwärtig erfolgen; denn nur durch sie oder durch Bewässerungsfeldbau in bestimmten Formen läßt sich hier die auf diesem Standort geradezu schicksalhafte Bodenfruchtbarkeitsfrage dauerhaft bewältigen.

Bei allen biologischen Fragen der Landwirtschaft sollte man immer wieder die große Lehrmeisterin Natur zu Rate ziehen. Die natürliche Vegetation der feuchten Tropen besteht aus Waldformationen. Es dürfte daher keinem Zweifel unterliegen, daß die Bodenfruchtbarkeit der feuchten Tropen weit besser durch Baum- und Strauchkulturen als durch kurzlebige Feldfrüchte genutzt und erhalten werden kann. Mit Baum- oder Strauchkulturen lehnt man sich am besten an die diesem Klima gemäße natürliche Vegetationsdecke an. Öl- und Kokospalmen, Kautschuk und Kakao, Tee- und Kaffeesträucher vermögen die Bodenfruchtbarkeit besser zu erhalten als Kassawa (Maniok), Bataten, Mais oder Hirse. In Nigeria haben Böden, die seit siebzig Jahren Ölpalmen tragen, nichts von ihrer natürlichen Fruchtbarkeit verloren. Auch Kautschuk- und Kakaoplantagen scheinen die Bodenfruchtbarkeit nicht zu schädigen.

Die Selbstversorgung der ländlichen Bevölkerung in den feuchten Tropen sollte sich deshalb beim Erliegen der Waldbrandwirtschaft mehr auf Mehlbananen stützen, weil diese als Grundnahrungsmittel geeignet sind und die Erhaltung der Bodenfruchtbarkeit weit besser als die kurzlebigen Feldfrüchte gewährleisten. Die meisten übrigen Baum- und Strauchkulturen aber haben, abgesehen von Öl- und Kokospalmen, für nur wenig weltwirtschaftlich verflochtene Agrarstaaten den schwerwiegenden Nachteil, daß sie keine Grundnahrungsmittel für die ansässige Bevölkerung liefern. Deshalb ist heute den meisten Tropenländern ein schwerpunktartiger Anbau von Baum- und Strauchkulturen zwecks Schonung der Bodenfruchtbarkeit noch verwehrt. Er setzt ja eine weltwirtschaftliche Arbeitsteilung dergestalt voraus, daß die feuchten Tropen in großem Umfange die Erzeugnisse von Baum- und Strauchkulturen gegen Grundnahrungsmittel, besonders Zerealien der gemäßigten Klimazone, austauschen. Eine solche umfangreiche weltwirtschaftliche Arbeitsteilung aber ist bei der gegenwärtigen, völlig unzureichenden Verkehrserschlossenheit der feuchten Tropen noch nicht realisierbar, weil die loco-Hof-Preise von Zukaufsgütern infolge der hohen Transportkosten allzusehr über, die loco-Hof-Preise von Verkaufsgütern aus gleichem Grunde allzusehr unter den Weltmarktpreisen liegen.

Für die fernere Zukunft aber scheint in einer derartigen weltwirtschaftlichen Arbeitsteilung ein verheißungsvoller Weg zu liegen, der im Interesse der Kostensenkung jeder Klimazone die für sie geeignetste agrarische Produktionsrichtung und den feuchten Tropen ihre Bodenfruchtbarkeitsprobleme zu bewältigen hilft.

6.2 Agrarsysteme

Das Agrarsystem ist Ausdruck der institutionellen, wirtschafts- und sozialorganisatorischen und -ethischen Verhältnisse in der Landwirtschaft und im ländlichen Raum. Die *agrarsozialen Bedingungen* können vom Staat, von Stämmen, von Grundherren, von Kommunen oder von Kolonialmächten festgelegt werden. Das *Wirtschaftsziel* kann auf Selbstversorgung, Betriebserhaltung, Grundrente, Marktproduktion, Gewinnmaximierung oder Erfüllung von Wirtschaftsplänen ausgerichtet sein. Die *Funktion des Bodens* ändert sich entsprechend und kann mehr in Heimatwert, Lebensgrundlage, Produktionsfaktor, Verbrauchsgut, Kapitalanlage, Rentenobjekt, Machtbasis oder Prestigequelle liegen. Alles dieses und mehr noch beinhaltet das komplexe Agrarsystem nach einer Darstellung von *Frithjof Kuhnen* (1980, S. 35 – 50), der wir in diesem Abschnitt weitgehend folgen werden.

Kuhnen unterscheidet ohne Anspruch auf Vollständigkeit und unter Betonung der Verhältnisse in Entwicklungsländern folgende Agrarsysteme:

– Stammes- und Sippenlandschaft
  Wandertierhaltung
  Wanderfeldbau
– Feudalistische Agrarsysteme
  Rentenfeudalismus
  Latifundien
– Familienlandwirtschaft
– Kapitalistische Agrarsysteme
– Kollektivistische Agrarsysteme
  Sozialistische Agrarsysteme
  Kommunistische Agrarsysteme

6.2.1 Stammes- und Sippenlandwirtschaft

6.2.1.1 Wandertierhaltung

Hierunter versteht man in erster Linie *das Hirtennomadentum* in seinen verschiedensten Formen, welches für die Erschließung von Wüstenräumen und anderen Grenzstandorten sowie von Transport- und Handelswegen auch heute noch seine Bedeutung hat. Es wird oft verkannt, daß in vielen Regionen die Alternative Hirtennomadismus oder produktivere stationäre Landwirtschaft gar nicht besteht, sondern lediglich die Alternative zwischen Hirtennomadismus oder Unland. Die Nomaden ernähren sich zumindest selbst. Wenn sie nicht wären, so würde ein Teil ihrer Weidegründe gänzlich für die Welternährungswirtschaft ausfallen.

Bei den Hirtennomaden sind Lebens- und Wirtschaftsweise eine unzertrennliche Einheit. Für die *Transhumance* trifft alles Gesagte nur in abgeschwächtem Maße zu. Auch in Europa gibt es noch Relikte der Wandertierhaltung, einerseits bei den *Lappen*, wo der größte Teil der männlichen Bevölkerung im Sommer mit den Rentierherden auf die Tundraweiden zieht und andererseits in *Alpenwirtschaft* und *Wanderschäferei*, wo nur einzelne Hirten die Herden begleiten, während das Gros der Bevölkerung seßhaft ist.

6.2.1.2 Wanderfeldbau (Shifting Cultivation)

Auch im Wanderfeldbau – einer in manchen seiner Formen an das Neolithikum erinnernden Wirtschaftsweise – ist der Boden noch Gemeineigentum. Er wird von Stämmen kontrolliert und von Einzelfamilien zum Zwecke einer bescheidenen Selbstversorgung bewirtschaftet. Kennzeichnend ist die Verlegung der Felder nach wenigen Jahren, meistens auch die der Siedlungen nach ein bis zwei Jahrzehnten. Man kennt weder Städte noch Märkte, weder Segel noch Rad, weder Zugtier noch Pflug, weder Fruchtfolge noch Düngung noch Pflanzenschutz. Durch die Umlage der Felder im Urwald überläßt man es der Natur, die Bodenfruchtbarkeit zu regenerieren, die der Hackbauer selbst mangels technischer Hilfsmittel nicht wiederherzustellen vermag.

6.2.2 Feudalistische Agrarsysteme

Hier handelt es sich um eine gesellschaftliche Schichtung, in der einer kleinen Minderheit von Großgrundbesitzern eine große Mehrheit von Landarmen und Landlosen gegenübersteht. Die Unterschiede in Eigentum, Einkommen, Macht und Prestige sind kraß.

6.2.2.1 Rentenfeudalismus

Typisch hierfür ist das *Teilbausystem* wie es noch in manchen Regionen Asiens, Lateinamerikas, aber auch der Mittelmeerländer vorkommt. Das Eigentum an Boden und Wasser konzentriert sich in der Hand weniger Grundherren. Diese überlassen das Land in kleinen Parzellen und oft nur für eine Vegetationsperiode den Teilpächtern gegen eine bestimmte Quote des Rohertrages. Für die Grundherren ist der Boden Rentenquelle. Wenn es für die Teilpächter keine alternativen Existenzmöglichkeiten gibt, wird die Abhängigkeit vom Grundherrn besonders groß. Schalten diese noch Verwalter oder Zwischenpächter ein, so entsteht ein weiterer Personenkreis, der vom Rohertrag der Landbewirtschafter abschöpft.

6.2.2.2 Latifundien

Latifundien als überdimensionale Grundeigentumsflächen gibt es heute fast nur noch in Ibero-Amerika, zumeist in Form der *Hazienda* (*Fazenda*). Dieses sind nicht Einzelbetriebe, sondern Großflächen mit verschiedenen Arbeitsorganisationen, Bodennutzungen, Plantagen, Teilbauländereien, Ranchbetrieben, auch Schulen, Krankenhäusern, Kaufläden, Altersversorgungen etc. Eine Hazienda ist also ein kleiner Staat im Staate, welcher Autarkie anstrebt. Das Nebeneinander von Latifundien und Minifundien (Kleinbetrieben), von Überfluß und Mangel, ist wohl in keinem Agrarsystem so auffallend wie hier.

6.2.3 Familienlandwirtschaft (vorherrschendes Agrarsystem)

Dies ist das in Europa als bäuerliche Familienwirtschaft und in vielen anderen Teilen der Welt als Farmwirtschaft *dominierende System*. Kennzeichen sind,
– daß Eigentums- und Nutzungsrechte, dispositive und manuelle Arbeit bei den Einzelfamilien liegen;
– daß eine starke Bindung an den Boden besteht, der zugleich Heimat, Vermögen, Produktionsfaktor, Risikoabsicherung, also Existenzgrundlage in weitestem Sinne darstellt;
– daß über die Bedürfnisbefriedigung der wirtschaftenden Generation hinaus ein ausgeprägtes Verantwortungsbewußtsein gegenüber den folgenden Generationen besteht, welches dazu führt, daß der Hof möglichst nicht verkauft, sondern für die Nachfahren funktionstüchtig erhalten wird (Bewahrung der Bausubstanz, der Bodenfruchtbarkeit, des Altersaufbaues der Forstbestände etc.);
– daß das wechselnde Verhältnis von verfügbarer Bodenfläche zu mitarbeitenden Familienangehörigen zu Unterscheidungen, wie bodenarmer Familienbetrieb, bodenreicher Familienbetrieb etc. führt, für die verschiedene Arbeitsintensitäten und somit auch Betriebsformen wettbewerbsüberlegen sind;
– daß der Kommerzialisierungsgrad sehr unterschiedlich ist. Der Spannungsbogen reicht von einer kleinen Selbstversorgerwirtschaft in entlegener Hochalpenregion bis zur Farmwirt-

schaft im kalifornischen Längstal. Generell unterscheiden sich bäuerliche Familienwirtschaft und Farmwirtschaft durch den mehr kommerziellen Charakter letzterer.

6.2.4 Kapitalistische Agrarsysteme

Dieses ist eine recht heterogene Gruppe von Agrarsystemen. Beispiele:

– die zumeist mit europäischem Kapital gegründeten Plantagen, die ihre Produkte in eigenen industriellen Be- und Verarbeitungsanlagen überwiegend für den Export veredeln (Zukkerrohr-, Sisal-, Ananas-, Zitrus-, Bananen-, Kaffee-, Tee-, Kakao-, Kokos-, Ölpalmen-, Kautschukplantagen);
– die Ranchwirtschaften großer Dimensionen, zum Beispiel in Argentinien;
– die landwirtschaftlichen Akiengesellschaften Nordamerikas (Corporations). Auch in Khuzestan/Iran und anderen Gebieten sind neuerdings derartige agro-industrielle AGs, zumeist mit ausländischem Kapital, gegründet worden;
– die agro-industriellen Kombinate des Ostblocks sind ebenfalls hierher zu rechnen.

6.2.5 Kollektivistische Agrarsysteme

Der Grad der Kollektivierung ist unterschiedlich. Bei der sozialistischen Landwirtschaft ist das Eigentum an den Produktionsmitteln teilweise oder ganz vergesellschaftet und die Produktion unterliegt dem staatlichen Plan-Soll. Bei der kommunistischen Agrarwirtschaft handelt es sich nicht nur um Wirtschafts-, sondern auch um Lebensgemeinschaften, die meistens auf politischer, seltener auf ethisch-religiöser Basis stehen.

6.2.5.1 Sozialistische Agrarsysteme

Zurückdrängung des Privateigentums, Primat politischer Grundauffassungen und staatliche Planwirtschaft sind ihre prägenden Elemente. Da sich alle drei Ziele viel leichter mit großen Wirtschaftseinheiten als mit Kleinbetrieben realisieren lassen, dominiert der Großbetrieb im sozialistischen Agrarsystem.

Es ist zwischen *Staatsgütern* (Volkseigene Betriebe, Sowchosen) und *Kollektivwirtschaften* (Produktionsgenossenschaften, Kolchosen) zu unterscheiden. Mittels Ablieferungspflicht und Preisfestsetzung steuert der Staat Lohnniveau, Kapitalbildung, Kapitaltransfer, Produktionsprogramm, kurz, fast den gesamten Agrarsektor im Sinne seiner wirtschaftspolitischen Zielsetzung. In den Kollektivwirtschaften wird auch noch das Wirtschaftsrisiko auf die Mitglieder abgewälzt. Nur in den kleinen Hofwirtschaften, die den Genossenschaftsbauern in allen sozialistischen Ländern zugestanden wurden, kann sich noch Privatinitiative entwickeln, die denn auch regelmäßig zu weit höheren Leistungen als in den Kollektivwirtschaften führt.

6.2.5.2 Kommunistische Agrarsysteme

Die *chinesischen Volkskommunen* können die Größe eines Landkreises erreichen und organisieren in ihrem Bezirk nicht nur die landwirtschaftliche, sondern auch die industrielle Produktion, das Erziehungs- und Gesundheitswesen, Verwaltungs-, Kultur- und politische Arbeit, kurz: Im Gegensatz zur Kolchose werden alle Wirtschafts- und Lebensbereiche kollektiviert.

Das ursprüngliche Konzept der klassenlosen Gesellschaft, welches man durch eine egalitäre Regelung der Bedarfsdeckung erreichen wollte, erwies sich als nicht durchführbar. Vielmehr sah man sich gezwungen, Anreize zur Produktivitätssteigerung zu schaffen, sei es durch Prämiensysteme, sei es durch das Zugeständnis kleiner Hofwirtschaften. Nimmt man noch hinzu, daß die Kommunen der VR China mit Resourcen von sehr unterschiedlicher Güte ausgestattet sind, was Einkommensdifferenzierungen verursacht, so wird man erst recht nicht von egalitären Lebensbedingungen sprechen können.

Ganz anders motiviert ist der *israelische Kibbuz*, der eine freiwillige Gemeinschaft von Mensch, Boden und Kapital zwecks kollektiver Produktion, Distribution und Konsumtion darstellt. Die Wirtschafts- und Lebensgemeinschaft ist hier also ohne politischen Druck und akute Not allein aus der Eigeninitiative der betroffenen Menschen gewachsen.

6.3 Regionalisierungen

Will man die geographische Lage einer bestimmten Agrarregion im Weltwirtschaftsraum kennzeichnen, so kommt es sehr auf den Maßstab an, welches Ordnungsprinzip den Vorzug verdient. Für globale Betrachtungen eignet sich gelegentlich die Gliederung nach den elf *Kulturerdteilen* (s. Abb. 44).

Diese Kulturkreise sind für die Kennzeichnung von Agrarregionen am ehesten dann geeignet, wenn das Agrarsystem von besonderem Interesse ist. Liegt aber das Schwergewicht der Aussage bei den Betriebsformen, so wendet man bei globalen Betrachtungen besser die in Kap. 3.2.4 geschilderten *Klimazonen der Erde* an, die die großen Agrarzonen der Erde ursächlich und daher recht gut wiederspiegeln. Sehr viel mehr ins Detail geht die für agrargeographische Zwecke hervorragend geeignete Klimaklassifikation von *KH. Paffen* und *C. Troll*. Ihre Weltkarte „Jahreszeitenklimate der Erde" wurde in der Abbildung 24, S. 117, mit freundlicher Genehmigung von *KH. Paffen* auszugsweise wiedergegeben.

Je kleiner der Beobachtungsraum, umso schärfer und differenzierter kann und muß die Regionalisierung sein. Die westdeutsche Landeskunde beispielsweise kann sich der 50 *Naturraumgebiete* bedienen, die in der Übersicht 23 verzeichnet und mit den gleichen Schlüsselnummern in Abbildung 45 die primär einem ganz anderen Zweck dient – abgegrenzt sind.

6.4 Agrarregionen

Definiert man nun die jeweilige Betriebsform, das Agrarsystem und die geographische Lage (Kulturkreis oder Klimazone oder Naturraumgebiet u.a.) nach dem vorstehenden Klassifizierungsrahmen, so ist eine bestimmte Agrarregion zumeist hinreichend charakterisiert. Je nach Zielsetzung und Arbeitsweise lassen sich im Bedarfsfalle weitere Merkmale hinzufügen. Bei der Bezeichnung von Agrarregionen sollte man sich möglichst an die vorstehende Reihenfolge halten. Kennzeichnet man also nacheinander Betriebsform, Agrarsystem und geographische

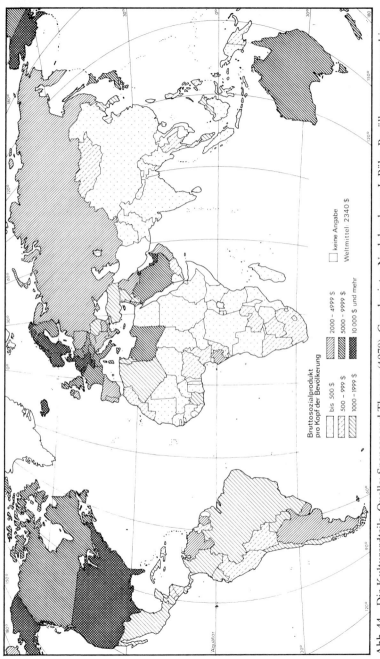

Abb. 44   Die Kulturerdteile. Quelle: Spencer und Thomas (1978). Genehmigter Nachdruck aus J. Bähr: Bevölkerungsgeographie. Stuttgart 1983, S. 168

Bruttosozialprodukt
pro Kopf der Bevölkerung

bis 500 $

500 - 999 $

1000 - 1999 $

2000 - 4999 $

5000 - 9999 $

10 000 $ und mehr

keine Angabe

Weltmittel 2340 $

Übersicht 23: Naturraumgebiete Westdeutschlands

Nr.	Bezeichnung	Nr.	Bezeichnung
1	Schleswig-Holsteinische Marsch und Inseln	29	Rhein-Main-Tiefland
2	Schleswig-Holsteinische Geest	30	Eifel und Hunsrück
		31	Mittelrheinral und Mosel
3	Schleswig-Holsteinisches Hügelland	32	Saar–Nahe-Berg- und Hügelland
4	Holsteinische Elbmarschen	33	Haardtgebirge
		34	Nördliches Oberrheintiefland
5	Südholsteinische Geest	35	Kraich- und Neckar-Gäu-Landschaften
6	Wester-Ems- und ostfriesische Seemarschen		
7	Ostfriesisch-Oldenburgische Geest	36	Kocher-, Jagst- und Tauberland
8	Stader Geest	37	Hochrhein, südliches und mittleres Oberrheintiefland
9	Niedersächsische Elbmarschen		
10	Weser-Ems-Geest	38	Schwarzwald
11	Weser-Aller-Flachland	39	Schwäbisches Albvorland und Schwarzwald-Hinterland
12	Lüneburger Heide		
13	Lüchower Niederung		
14	Niedersächsisches Zukkerrübengebiet	40	Schwäbische Alb
15	Leinebergland	41	Oberschwäbisches Hügelland
16	Harz		
17	Niederrheinisches Tiefland	42	Odenwald-Spessart und Südrhön
18	Emscher Land		
19	Münsterland	43	Mainfränkische Platten
20	Hellweg-Börden	44	Fränkisches Keuper-Lias-Land
21	Unteres Weserbergland		
22	Oberes Weserbergland	45	Oberpfälzisches, obermainisches Hügelland
23	Niederrheinische Buch und Aachener Gebiet		
24	Westliches Südbergland	46	Fränkisches Mittelgebirge
25	Östliches Südbergland	47	Fränkische Alb
26	Westerwald und Taunus	48	Oberpfälzer und Bayerischer Wald
27	Westhessisches Hügel- und Beckenland	49	Schwäbisch-Bayerisches Schotter- und Hügelland
28	Osthessisches Bergland	50	Schwäbisch-Bayerisches Voralpenland

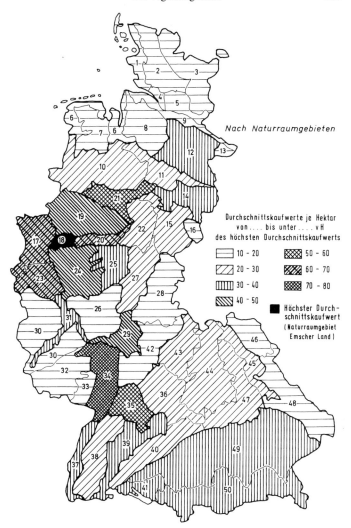

Abb. 45   Durchschnittsverkaufswerte je Hektar für Stückländereien
1968 bis 1970. Quelle: Wirtschaft und Statistik, Jg. 1973, S. 233

Lage, so kommt man beispielsweise zu dem kombinierten Begriff: Nomadenzone in den Stammesgebieten Schwarzafrikas. Natürlich kann man die drei Komponenten dieses übergeordneten Begriffes im Bedarfsfalle noch konkretisieren, um zu einer spezielleren Aussage zu kommen, d. h. wenn man eine kleinere Agrarregion, die ein Teil der vorstehenden ist, ansprechen will. Dann definiert man etwa: Rindernomadismus in der Massaisteppe des ostafrikanischen Hochlandes. Damit ist schon ein recht deutliches Bild einer Agrarregion gezeichnet.

Oder ein anderes Beispiel: Für einen weltweiten agrargeographischen Überblick mag die Definition „Plantagenzone im feudalistischen Bereich Ibero-Amerikas" genügen.

Für länderkundliche Studien reicht sie nicht aus. Dann muß man präzisieren und etwa von „Zuckerrohrplantagen in der Hazienden-Region der Bahia" sprechen. In der Übersicht 24 sind weitere Beispiele genannt.

Häufig ist eine Agrarregion schon durch einen kürzeren Ausdruck hinreichend gekennzeichnet, d. h. man kann auf ein oder zwei Komponenten der komplexen Formulierungen der Übersicht 24 verzichten. Mitteleuropäische Agrargeographen unter sich können sich zum Beispiel ohne weiteres verständigen, wenn sie lediglich von der Wesermarsch, von der Köln-Aachener Bucht, von der Hallertau, von der Filderebene, vom Kärntner Becken, vom Eichsfeld, vom Krappfeld oder von der lombardischen Poebene sprechen. Sie verbinden nämlich mit diesen Naturraumgebieten ganz konkrete Vorstellungen über die dort vorherrschenden Betriebsformen und Agrarsysteme. Zum Teil kann man sogar globale agrarräumliche Einheiten mit einem kurzen terminus recht gut definieren, denn die „Waldbrandwirtschaft" ist eine ganz bestimmte Betriebsform, ein fest umrissenes Agrarsystem und eine recht eindeutige, da wenig variable Kultur-, Gesellschafts-, Lebens- und Wirtschaftsform. Sie unterscheidet sich kaum, ob sie nun im Amazonas-Becken, im Kongo-Becken oder auf Borneo auftritt. Mit „Volkskommune" ist eigentlich alles gesagt, denn sie bildet ein ganz bestimmtes Agrarsystem, tritt wohl nur in der VR China auf und beinhaltet die verschiedensten Betriebsformen in ihrem großen Bezirk. „Wüstennomadismus" ist ein weiteres Beispiel dafür, daß unter

Übersicht 24: Kennzeichnung von Agrarregionen (Beispiele)

Beispiel	Aufbau der Kennzeichnung Betriebsform → Agrarsystem → Geograph. Lage
1. allg.:	Ackerbaugebiete in der Feudalregion des Orients
spez.:	Bewässerungsfeldbau unter Rentenfeudalismus im Peshawarbecken
2. allg.:	Hackfruchtbauregionen im kollektivistischen Osteuropa
spez.:	Kartoffelbauregionen mit sozialistischen Großbetrieben in Weißrußland
3. allg.:	Körnerbauregionen im kapitalistischen australisch-pazifischen Raum
spez.:	Weizen-Großfarmen in Südwest-Australien
4. allg.:	Hackfruchtbauzonen mit Bauernwirtschaft in Westeuropa
spez.:	Zuckerrübenbau-Familienbetriebe in der Hildesheimer Börde
5. allg.:	Ranchzonen der europäischen Siedlungsgebiete Südafrikas
spez.:	Karakulfarmen im südlichen Namibia
6. allg.:	Körnerbauregionen mit Bauernbetrieben in Mitteleuropa
spez.:	Weizen-Rapsbau-Familienbetriebe der nordfriesischen Köoge
7. allg.:	Teebau im kommunistischen System Ostasiens
spez.:	Teepflanzungen in Kommunen des südchinesischen Hügellandes
8. allg.:	Grünlandzonen im bäuerlich besiedelten Voralpenraum
spez.:	Milchwirtschaftsgürtel im bäuerlich geprägten Allgäu
9. allg.:	Dauerkulturregionen im kapitalistischen Südostasien
spez.:	Kautschuk-Plantagenzone Malaysias
10. allg.:	Körnerbauzonen mit Familienfarmen in Anglo-Amerika
spez.:	Dry Farming-Region mit Familienfarmen im Columbia-Becken der USA

Umständen mit einem einzigen Ausdruck Betriebsform, Agrarsystem und geographische Verbreitung gut gekennzeichnet werden können.

Insgesamt sind die Agrarregionen des Weltwirtschaftsraumes
derartig zahlreich und vielfältig, daß es eine Subsumtion zu nur
zehn oder fünfzehn Typen nach streng-logischer Systematik wie
etwa bei den Betriebsformen oder Agrarsystemen niemals geben
wird. Es bleibt nichts anderes übrig, als von Fall zu Fall Bezeich-
nungen zu komponieren, die so kurz und prägnant wie möglich
sein, aber mindestens Betriebsform, Agrarsystem und geographische Lage hinreichend erkennen lassen sollten.

Weiterführende Literatur

Abkürzungsverzeichnis

Ber. D. L.   Berichte zur Deutschen Landeskunde
Ber. Landw.   Berichte über Landwirtschaft
Econ. Geogr.   Economic Geography
EdF   Erträge der Forschung, Wissenschaftl. Buchgesellschaft
               Darmstadt
FDLK   Forschungen zur deutschen Landeskunde
G. Rev.   Geographical Review
GR   Geographische Rundschau
GZ   Geographische Zeitschrift
PGM   Petermanns Geographische Mitteilungen
T. Stb. G.   Teubner Studienbücher Geographie
UTB   Universitätstaschenbücher
WdF   Wege der Forschung, Wissenschaftl. Buchgesellschaft
               Darmstadt
Z. f. a. L.   Zeitschrift für ausländische Landwirtschaft

Einführungen und Gesamtdarstellungen

Akademie für Raumforschung und Landesplanung (Hrsg.): Handwör-
    terbuch der Raumforschung und Raumordnung. 2. Aufl., Bd I bis III.
    Hannover 1970, 3974 Spalten.
Andreae, B.: Agrargeographie. 2., stark erw. Aufl., Berlin, New York
    1983 (Engl. Ausg. ebd. 1981; Chines. Ausg. in Nanking in Vorber.).
Boesch, H.: Weltwirtschaftsgeographie. 4. Aufl., Braunschweig 1966,
    316 S.
Borcherdt, Ch.: Agrargeographie. Art. in: Westermann – Lexikon der
    Geographie. Braunschweig 1968–70.
Ehlers, E. (Hrsg.): Ernährung und Gesellschaft. Bevölkerungswachstum
    – Agrare Tragfähigkeit der Erde. Marburger Forum Philippinum.
    Stuttgart, Frankfurt 1983, 236 S.
Eurostat (Hrsg.): Agrarstatistisches Jahrbuch 1978–1981. Luxembourg
    1983, 281 S.
    FAO (Hrsg.): Landwirtschaft 2000. Rom 1981. Deutsche Ausg. ver-

anstaltet vom BML in seiner Schriftenreihe, Reihe A: Angewandte Wissenschaft, H. 274, Münster-Hiltrup 1982, 222 S.

George, P.: Géographie agricole du monde. 6. Aufl., Paris 1962, 128 S.

George P.: Préis de géographie rurale. Paris 1967, 360 S.

Hagget, P.: Einführung in die kultur- und sozialgeographische Regionalanalyse. De Gruyter Lehrbuch. Berlin, New York 1973, 414 S.

Hagget, P.: Geographie. Eine moderne Synthese. New York 1983, 768 S.

Hambloch, H.: Allgemeine Anthropogeographie. Eine Einführung, 5., neubearb. Aufl., Wiesbaden 1982 (Erdkundliches Wissen 31), 268 S. mit 10 doppelseitigen Faltkarten.

Manshard, W.: Einführung in die Agrargeographie der Tropen. Mannheim 1968.

Manshard, W.: Tropical Agriculture. New York 1974, 226 S.

Morgan, W.B. und *Munton, R.J.*: Agricultural geographie. London 1978, 175 S.

Müller-Hohenstein, K.: Die Landschaftsgürtel der Erde. Teubner Studienbücher Geographie. 2. Aufl., Stuttgart 1981, 204 S.

Newbury, P.A.R.: A geographie of agriculture. Estover 1980, 336 S.

Otremba, E.: Allgemeine Agrar- und Industriegeographie. 2. Aufl., Stuttgart 1960 (Erde und Weltwirtschaft. Bd 3), 392 S.

Otremba, E.: Die Güterproduktion im Weltwirtschaftsraum. 3. Aufl., Stuttgart 1976 (Erde und Weltwirtschaft, Bd 2/3), 407 S.

Ruppert, K. (Hrsg.): Agrargeographie. Darmstadt 1973, WdF 171, 511 S.

Schätzl, L.: Wirtschaftsgeographie. 1. Theorie, 2. Aufl.. 2. Empirie. Paderborn 1981 (UTB 782/1052, 175/208 S.

Sick, W.-D.: Agrargeographie. Das Geographische Seminar. Braunschweig 1983, 249 S.

Spitzer, H.: Regionale Landwirtschaft. Die Entwicklungsaufgaben der „Region" für Landwirtschaft und Raumordnung. Hamburg, Berlin 1975, 203 S.

Symons, L.: Agricultural geographie. 2 nd ed. rev. Boulder, London 1979, 297 S.

Tarrant, J.R.: Agricultural geographie. Problems in modern geographie. Newton Abbot 1974, 279 S.

Tietze, W. (Hrsg.): Westermann-Lexikon der Geographie (WLG), Band I bis V, Ungekürzte Sonderausg. Weinheim 1983.

Uhlig, H. u. *C. Lienau*: Materialien zur Terminologie der Agrarlandschaft. Vol. I Flur und Flurformen. Gießen 1978, 136 S.

Vol. II. Die Siedlung des ländlichen Raumes. Gießen 1972, 277 S.

Vol. III. Die ländliche Bevölkerung. Gießen 1974, 306 S.

Voppel, G.: Wirtschaftsgeographie. 2. Aufl., Stuttgart 1975. Schaeffers

Grundriß d. Rechts u. d. Wirtsch., Abt. III: Wirtschaftswissenschaften 98, 194 S.

Wagner, H. G.: Wirtschaftsgeographie. Braunschweig 1981. Das Geographische Seminar, 207 S.

Wirth, E. (Hrsg.): Wirtschaftsgeographie. Darmstadt 1969 (WdF 219), 556 S.

Weitere grundsätzliche Literatur

Abel, W.: Geschichte der deutschen Landwirtschaft vom frühen Mittelalter bis zum 19. Jahrhundert. 2. Aufl., Stuttgart 1967, 477 S.

Abel, W.: Agrarpolitik. 3. Aufl., Göttingen 1967.

Abel, W.: Agrarkrisen und Agrarkonjunktur. Eine Geschichte der Land- und Ernährungswirtschaft Mitteleuropas seit dem hohen Mittelalter. 3., neubearb. u. erw. Aufl., Hamburg u. Berlin 1978, 323 S.

Abel, W.: Stufen der Ernährung. Eine historische Skizze. Göttingen 1981, 78 S.

Achtnich, W.: Landwirtschaftliche Nutzpflanzen. In: Die Armut der ländlichen Bevölkerung in der Dritten Welt. Hrsg. *J. H. Hohnholz.* Baden-Baden 1980.

Achtnich, W.: Bewässerungslandbau. „Entwicklung und ländlicher Raum", Frankfurt/M., Jg. 15 (1981), H. 1, S. 10–14.

Aereboe, Fr.: Allgemeine landwirtschaftliche Betriebslehre. 6., neubearb. Aufl., Berlin 1923, 697 S.

Aereboe, Fr.: Agrarpolitik. Berlin 1928.

Agrarbericht 1984 der Bundesregierung. Text- und Materialband. Bonn 1984.

Andersen, I. R.: A Geographie of Agriculture. Dubuque, Iowa, USA, 1970.

Andreae, B.: Wirtschaftslehre des Ackerbaues. 2., völlig neubearb. Aufl., Stuttgart 1968 (Polnisch: Warschau 1963; Japanisch: Tokyo 1970 und 1979).

Andreae, B.: Betriebsformen in der Landwirtschaft. Stuttgart 1964 (Polnisch: Warschau 1966).

Andreae, B.: Die Bodenfruchtbarkeit in den Tropen. Hamburg und Berlin 1965.

Andreae, B.: Weidewirtschaft im südlichen Afrika. GZ, Beihefte Erdkundliches Wissen, H. 15. Wiesbaden 1966.

Andreae, B.: Landwirtschaftliche Betriebsformen in den Tropen. Hamburg und Berlin 1972 (Englisch: Commonwealth Agricultural Bureaux 1980 u. d. T. The Economics of Tropical Agriculture; Japanisch: Kyushu University Press 1984).

Andreae, B.: Die Farmwirtschaft an den agronomischen Trockengrenzen. GZ, Beihefte Erdkundliches Wissen, H. 38. Wiesbaden 1974.

Andreae, B.: Farming Regions in the Tropics. In: Handbock of Vegetation Science, Vol. 13. The Hague 1977, pp. 161–209.

Andreae, B.: Agrarsysteme. Art. im Handwörterbuch der Wirtschaftswissenschaft. Band I. Göttingen, Tübingen, Stuttgart 1977, S. 155–169.

Andreae, B.: Agrargeographie. 2., stark erw. Aufl., Berlin, New York 1983 (Englisch: ebenda 1981 u. d. T. Farming, Development, and Space; Chinesisch: In Nanking in Vorbereitung).

Andreae, B.: Die Erweiterung des Nahrungsspielraumes als integrale Herausforderung. Fragenkreise. Paderborn 1980.

Andreae, B.: Alternativen der Zuckerproduktion im Peshawar-Becken Pakistans. „Zeitschrift für die Zuckerindustrie", Berlin, Bd. 27 (1977) S. 89–93.

Andreae, B.: Agrarregionen unter Standortstreß. Geocolleg 6. Kiel 1978, 78 S. (Japanisch: Tokyo 1983).

Andreae, B. und *E. Greiser:* Strukturen deutscher Agrarlandschaft. Forschungen zur deutschen Landeskunde, Bd. 199). 2. Aufl., Trier 1978 (3., erw. u. völlig neugestaltete Aufl. erscheint Mitte 1985).

Andreae, B.: Expansion des Weltagrarraumes – Eine langfristige Perspektive? Ernährungs-Umschau, Frankfurt a. M., Jg. 31 (1984), S. 85–89.

Andreae, B.: Landbau oder Landschaftspflege? GR, Jg. 36 (1984), H. 4, S. 187–194.

Bähr, J.: Bevölkerungsgeographie. UTB 1249. Stuttgart 1983.

Bähr, J.: Veränderungen in der Farmwirtschaft Südwestafrikas/Namibias zwischen 1965 und 1980. „Erdkunde", Bonn, Bd 35 (1981), S. 274 bis 289.

Bauer, H.: Wandlungstendenzen der Rindviehhaltung in Entwicklungsländern. „Landwirt im Ausland", Frankfurt/M., H. 5 (1972).

Bauer, H.: Gedanken zur städtischen Trinkmilchversorgung in Entwicklungsländern. Z.f.a.L., Frankfurt/M., Jg. 11 (1972), S. 318–334.

Bauer, S.: Wachstum und Verteilung in der Landwirtschaft. Bericht über den Kongreß in Jakarta im Herbst 1981. Ber. Landw. 61 (3).

Biehl, M.: Die Landwirtschaft in China und Indien. 4. Aufl., Frankfurt/M., Berlin, München 1973.

Birowo, A., K.H. Junghans und *U. Scholz:* Landwirtschaft. In: Indonesien. Hrsg. H. Kötter, R.O.G. Roeder und K.H. Junghans. Tübingen, Basel 1979, S. 382–460.

Bittermann, E. und *M. Schmidt:* Produktion und Wertschöpfung der

Landwirtschaft in der BR Deutschland. „Agrarwirtschaft", Hannover, Jg. 30 (1981), S. 65–83.

Blanckenburg, P. von: Wettbewerb zwischen pflanzlicher und tierischer Produktion in der Welternährung – Beurteilung vor dem Hintergrund des Welternährungsproblems. In: Techn. Univ. Berlin, Fachbereich Internationale Agrarentwicklung, Reihe Studien, Nr. IV/32. Berlin 1982.

Blanckenburg, P. von: Hilfen gegen den Hunger. DAAD Letter, Bad Honnef, Nr. 3 (1981).

Blanckenburg, P. von: Die Welt unserer Urenkel vor der Bevölkerungsfrage. Frankf. Allg. Zeitung, 3. Juli 1981, S. 6.

Blüthgen J. und We. Weischet: Allgemeine Klimageographie. 3. Aufl. (Lehrbuch der Allgemeinen Geographie, Bd. 2). Berlin, New York 1980.

Borcherdt, Chr. und H. P. Mahnke: Das Problem der agraren Tragfähigkeit, mit Beispielen aus Venezuela. (Stuttg. Geogr. Studien, Bd. 85). Stuttgart 1973.

Bommer, D. F. R.: Landwirtschaft zwischen Mangel und Überfluß- Analysen und Perspektiven. Mitt. f. d. Landbau, hrsg. v. d. BASF, Ludwigshafen, 5/1982.

Brandes W. und E. Woermann: Landwirtschaftliche Betriebslehre, Band II: Spezieller Teil. Hamburg und Berlin 1971.

Brinkmann, Th.: Die Ökonomik des landwirtschaftlichen Betriebes. In: Grundriß der Sozialökonomik, Abt. VII, Tübingen 1922, S. 27 ff.

Buchholz, H. E.: Agrarprodukte der Entwicklungsländer und Weltmarkt. In: Die Armut der ländlichen Bevölkerung in der Dritten Welt. Hrsg. J. Hohnholz. Baden-Baden 1980, S. 65–83.

Coenen, J.: Alternativen zur intensiven Milchviehhaltung. Kali-Briefe, (Büntehof), Bd. 14 (1979), S. 753–758.

Coppock, J. T.: The Geographie of Agriculture. „Journal of Agricultural Economics", Manchester, Vol XIX (1968), No. 2, S. 153 ff.

Doll, H. und A. Weber: Zur Analyse und Prognose der langfristigen Entwicklung der Getreide- und Reiserträge sowie der gesamten Agrarproduktion in ausgewählten Ländern der gemäßigten Zone und der Tropen. „Landbauforschung Völkenrode", Braunschweig, Jg. 29 (1979), S. 1–18.

Domrös, M.: Klima und Böden als begrenzende Basisfaktoren der Land- und Forstwirtschaft. In: Die Armut der ländlichen Bevölkerung in der Dritten Welt. Hrsg. J. Hohnholz. Baden-Baden 1980, S. 17–28.

Duckham, A. N. und G. B. Masefield: Farming Systems of the World. New York 1970.

Edwards, A. und *A. Rogers*: Agricultural Recources. London 1974.

Ehlers, E.: Traditionelle und moderne Formen der Landwirtschaft im Iran. (Marburger Geographische Schriften, Bd. 64). Marburg 1975.

Ehlers, E.: Bauern, Hirten, Bergnomaden am Alwand Kuh/Westiran. In: 40. Deutscher Geographentag, Innsbruck 1975. Tagungsberichte und wissenschaftliche Abhandlungen. Wiesbaden 1976, S. 775–794.

Engelbrecht, Th. H.: Die Landbauzonen der Erde. PGM, Erg. H. 209, Gotha, Leipzig 1930.

FAO: Monthly Bulletin of Agricultural Economics and Statistics, vol 12ff. Rome 1963–1981.

FAO: The Fourth world Food Survey. Rome 1977.

FAO: Production Yearbook, vol. 19 (1965) ff. Rome 1966–1983.

FAO: Agriculture: Toward 2000. Rome 1981.

FAO: World Food Futures. Food Policy, 3 (1978), p. 124.

FAO: Trade Yearbook, vol. 25 (1971) ff. Rome 1972–1983.

FAO: The State of Food and Agriculture 1979. FAO Agric. Ser. No. 10. Rome 1980.

Franke, G., et al.: Nutzpflanzen der Tropen und Subtropen. Bd. I, 3. Aufl. Leipzig 1980, 441 S.

Franke, G., et al.: Nutzpflanzen der Tropen und Subtropen, Bd. II. 3. Aufl. Leipzig 1981, 398 S.

Fricke, W.: Die Rinderhaltung in Nordnigeria und ihre natur- und sozialräumlichen Grundlagen. (Frankf. Geogr. Hefte, Nr. 46). Frankfurt 1969.

Fricke, W.: Geographische Faktoren der agraren Produktion in Entwicklungsländern, dargestellt am Beispiel Westafrikas. In: Bad Wildunger Beiträge zur Gemeinschaftskunde, Bd. 4. Wiesbaden 1971, S. 282–329.

Fricke, W.: Die Tragfähigkeit von natürlichem Weideland und ihre Kartierung. „Erdkunde", Bonn, Bd. 29 (1975), S. 234 ff.

Fricke, W.: Grazing Capacity as a Function of Regional Socio-Economic Structure. Proceedings of the Seminar Bamako-Mali, 3–8 March 1975. Addis Abeba 1976, S. 373–378.

Gerner-Haug, I: Ochsenanspannung in Mali. „Entwicklung und ländlicher Raum", Frankfurt/M., Jg. 15 (1981), H. 2, S. 21–23.

Gregor, H. F.: Industrialization of U. S. Agriculture. An interpretive Atlas. Westview Press / Boulder, Colorado, USA. 259 S.

Gregor, H. F.: Geography of Agriculture: Themes in Research. Englewood Cliffs, N. J., 1970.

Hahn, E.: Die Wirtschaftsformen der Erde. PGM, Bd. 38 (1882), S. 8 ff.

Hambloch, H.: Der Höhengrenzsaum der Ökumene. (Westf. Geogr. Studien, H. 18). 1966.

Herlemann, H.-H.: Technisierungsstufen der Landwirtschaft. Ber. Landw., Hamburg und Berlin, N. F., Bd. XXXII (1954), S. 335 ff.

Herlemann, H.-H.: Grundlagen der Agrarpolitik. (Vahlens Handb. d. Wirtschafts- u. Sozialwiss.). Berlin, Frankfurt/M. 1961.

Hohnholz, J.: Agrarwirtschaft und Landschaft Südthailands. In: Der Staat und sein Territorium. Wiesbaden 1976, S. 208–227.

Hohnholz, J.: Maniok-Anbau in Südostasien – ein agrargeographischer Überblick. In: Kulturprobleme außereuropäischer Länder. Stuttgart 1980, S. 67–88.

Institut für Sozialökomie der Agrarentwicklung (*Blodig, W.*): Basic Agricultural Data of Developing Countries. Quarterly Journal of Intern. Agriculture, Frankfurt/M., Vol. 21 (1982), No. 2, pp. 198–213.

Jäger, H.: Zur Geschichte der deutschen Kulturlandschaft. GZ, Wiesbaden, Bd. 2 (1963), S. 90 ff.

Jäger, H.: Wüstungsforschung in geographischer und historischer Sicht. Sigmaringen 1979.

Junghans, K. H.: Entwicklunstendenzen landwirtschaftlicher Betriebssysteme im Malayischen Archipel. (Gießener Geogr. Schriften, H. 48), Gießen 1980.

Karger, A.: Die Sowjetunion als Wirtschaftsmacht. (Studienbücher Geographie 8). 2. Aufl. d. Neubearb. Frankfurt am Main, Aarau 1980, 167 S.

Kemmler, G.: Tendenzen des Bevölkerungswachstums, der Nahrungsmittelerzeugung und des Düngereinsatzes in Entwicklungsländern. Kali-Briefe (Büntehof), 16 (1983), S. 301–311.

Klaus, D. und *H. Schiffers*: Desertifikation und Welt-Wüsten-Drohung. Fragenkreise. Paderborn 1980.

Klimm, E.: Ngamiland. Geographische Voraussetzungen und Perspektiven seiner Wirtschaft. (Kölner Geogr. Arb., H. 6). Köln 1974.

Koch, J.: Bevölkerung und Ernährung. Freiburg i. Br./Würzburg 1983, 96 S.

Könnecke, G.: Fruchtfolgen. Berlin 1967.

Kötter, H., R. O. G. Roeder und *K. H. Junghans* (Hrsg.): Indonesien. Tübingen, Basel 1979, 592 S.

Kohlhepp, G.: Agrarkolonisation in Nordparana. (Heidelberger Geogr. Arb. Nr. 41). Wiesbaden 1975.

Kostrowicki, J. und *W. Tyszkiewicz* (eds.): Agricultural Typology – Proceedings of the Eights Meeting of the Commission on Agricultural Typology, Intern. Geogr. Union, Odessa 1976. Vol. 40 of Geographia Polonica. Warszawa 1979.

Krzymowski, R.: Geschichte der deutschen Landwirtschaft. Stuttgart 1939.

Kuhnen, F.: Agrarreform, ein Weltproblem. Deutsche Welthungerhilfe 1980.

Laur, E.: Einführung in die Wirtschaftslehre des Landbaues. 2. Aufl., Berlin 1930.

Leser, H.: Landschaftsökologische Studien im Kalaharirandgebiet um Auob und Nossop. (Erdwiss. Forsch., Bd. 3). Wiesbaden 1971.

Löhr, L.: Bergbauernwirtschaft im Alpenraum. Graz und Stuttgart 1971.

Manshard, W.: Einführung in die Agrargeographie der Tropen. Mannheim 1968.

Manshard, W.: Afrika – südlich der Sahara. (Fischer Länderkunde, Bd. 5). Frankfurt/M. und Hamburg 1970.

Manshard, W.: Tropical Agriculture. London, New York 1974.

Mertins, G.: Changes of Land-Use Systems in the Semi-humid Lowlands of Northern Colombia. In: Dynamik der Landnutzung in den wechselfeuchten Tropen. (Gießener Beiträge zur Entwicklungsforschung, Reihe I, Bd. 4). Gießen 1978, S. 49-66.

Morgan W. B. und *R. J. Munton:* Agricultural Geography. London 1971.

Müller, M. J., et al.: Handbuch ausgewählter Klimastationen der Erde. Forschungsstelle Bodenerosion der Universität Trier, H. 5, Hrsg.: *G. Richter.* 3. Aufl., Trier 1983.

Niederstucke, H.: Bodennutzungsformen in tropischen Höhenlagen. „Landwirt im Ausland", Frankfurt/M., Jg. 4 (1970), S. 74 ff.

Nitz, H.-J.: Landerschließung und Kulturlandschaftswandel an den Siedlungsgrenzen der Erde. (Göttinger Geogr. Abhandl., H. 66). Göttingen 1976, S. 11-24.

Rehm, S. und *G. Espig:* Die Kulturpflanzen der Tropen und Subtropen. Stuttgart 1976.

Rehrl, J.: Prognose der künftigen Agrarstrukturentwicklung. „Agrarwirtschaft", Hannover, Jg. 28 (1979), S. 81-88.

Reisch, E.: Landtechnik für die deutsche Landwirtschaft im nächsten Jahrzehnt – eine technische und organisatorische Herausforderung. Vortrag, Rottach-Egern, 22. Jan. 1973.

Rostankowski, P.: Getreideerzeugung nördlich 60° N. GR 33 (1981), S. 147 ff.

Ruppert, K.: „Desagrarisation" in Jugoslawien. „WGI-Berichte zur Regionalforschung". München, Nr. 9 (1972), S. 38-51.

Ruppert, K., L. Deuringer und *J. Maier:* Das Bergbauerngebiet der deutschen Alpen. „WGI-Berichte zur Regionalforschung", München, Nr. 7 (1971).

Ruthenberg, H.: Farming Systems in the Tropics. 3. Ed., Oxford 1980.

Ruthenberg, H. und *B. Andreae:* Landwirtschaftliche Betriebssysteme in den Tropen und Subtropen. In: Handb. d. Landw. u. Ernährung in den Entwicklungsländern, Bd. 1, 2. Aufl. Stuttgart 1982.

Scholz, U.: Permanenter Trockenfeldbau in den humiden Tropen. (Gießener Beiträge zur Entwicklungsforschung, Reihe I, Bd. 3). Gießen 1977, S. 45–58.

Scholz, U.: Minang Kabau. Die Agrarstruktur in Westsumatra und Möglichkeiten ihrer Entwicklung. (Gießener Geogr. Schriften, H. 41). Gießen 1977.

Schütt, P.: Weltwirtschaftspflanzen. Berlin und Hamburg 1972.

Schweinfurth, U.: Die Teelandschaft im Hochland der Insel Ceylon als Beispiel für den Landschaftswandel. (Heidelberger Studien zur Kulturgeogr., H. 15). Wiesbaden 1966.

Sharma, B. L.: Agricultural Typology of Rajasthan. An Application of International Scheme. Pankaj Prakashan – Udaipur / Indien 1983, 168 + 16 S.

Spencer, J. E.: Shifting Cultivation in Southeastern Asia. (Univ. of Calif., Public. in Geogr., Vol. 19). Berkeley, Los Angeles 1976.

Spielmann, O.: Viehwirtschaft in Costa Rica. Diss. Hamburg 1969.

Statistical Yearbook, ed. by UN, several Vol. up to 1984. New York. Stat. Jahrb. über Ernährung, Landw. und Forsten der BRD. Hamburg, Berlin 1957–1975 und Münster-Hiltrup 1976–1984.

Steinbach, J.: Probleme und Möglichkeiten der tierischen Produktion in Entwicklungsländern. In: Die Armut der ländlichen Bevölkerung in der Dritten Welt. Hrsgg. von *J. Hohnholz.* Baden-Baden 1980, S. 35–47.

Thiede, G.: Agrartechnologische Revolution und zukünftige Landwirtschaft. In: Die Zukunft des ländlichen Raumes, 2. Teil. Forschungs- und Sitzungsberichte der Akademie für Raumforschung und Landesplanung 83 (1972), S. 13 ff.

Thiede, G.: Agrarwirtschaft zwischen Realität und Futurologie. Vortrag, Düsseldorf, 3. 12. 1973.

Thiede, G.: Europas grüne Zukunft. Düsseldorf und Wien 1975.

Thünen, J. H. von: Der isolierte Staat in Beziehung auf Landwirtschaft und Nationalökonomie. (Hamburg 1926) Darmstadt 1966.

Tzuzuki, T.: Die Fruchtfolgen des japanischen Ackerbaues. Ber. Landw., Hamburg u. Berlin, N. F., Bd. 41 (1963), S. 833 ff.

Uexküll, H. R. von: Reis in Asien – Probleme und Möglichkeiten einer Produktionssteigerung. Z. f. a. L., Frankfurt/M., Jg. 8 (1969), S. 248 ff.

Uhlig, H.: Die geographischen Grundlagen der Weidewirtschaft in den Trockengebieten der Tropen und Subtropen. In: Weide-Wirtschaft in

Trockengebieten. (Gießener Beiträge zur Entwicklungsforschung, Reihe I, Bd. 1). Stuttgart 1965.

Uhlig, H.: Innovationen im Reisbau als Träger der ländlichen Entwicklung in Südostasien. (Gießener Geogr. Schriften, H. 48). Gießen 1980, S. 29–71.

Urff, W. von: Alternative Strategien zur Lösung des Welternährungsproblems. Vortrag, Tutzing, 12. Mai 1979.

Weber, A.: Welternährungswirtschaft. Art. im HdWW, Lfrg. 22. Stuttgart, Tübingen, Göttingen 1980.

Webster, C. C., and *P. N. Wilson:* Agriculture in the Tropics. 3. ed. London 1980.

Weischet, W.: Die ökologische Benachteiligung der Tropen. 2. Aufl. Stuttgart 1980.

Welte, E.: Umkehr in die Zukunft? „Die Diakonieschwester", Berlin, Jg. 75 (1979), S. 114–120.

Westermarck, N.: Die finnische Landwirtschaft. 2. Aufl. Helsinki 1962.

Wihelmy, H.: Reisanbau und Nahrungsspielraum in Südostasien. (Geocolleg 2) Kiel 1975.

Wilhelmy, H.: Geographische Forschungen in Südamerika. (Gesammelte Arbeiten). Berlin 1980.

World Food Council: Current World Food Situation. WFC / 1980 / 6. Rome 1980.

Zitierte Spezialliteratur

Albrecht, H.: Innovationsprozesse in der Landwirtschaft. Saarbrücken 1969, 306 S.

Andreae, B.: Produktivitätszonen im Agrarraum von Nordamerika. „Agrarwirtschaft", Hannover, Jg. 7 (1958), S. 75 ff.

Andreae, B.: Strukturzonen und Betriebsformen in der Europäischen Landwirtschaft. GR 28 (1976), S. 221–234.

Andreae, B. (Hrsg.): Standortprobleme der Agrarproduktion. München 1977. (Schriften d. Ges. f. Wirtsch. u. Sozialwiss. d. Landbaues XIV). 375 S.

Blanckenburg, P. u. *H.-D. Cremer* (Hrsg.): Handb. d. Landw. u. Ernährung in den Entwicklungsländern. 2. Aufl., Bd. 1 u. 2. Stuttgart 1982 u. 1983. 464 u. 480 S.

Buringh, P.: Potentials of World Soils for Agricultural Produktion. Transactions 12th Internat. Congr. Soil Sci., New Delhi 1982, S. 33–41.

Diercke Weltstatistik 82/83. Staaten, Wirtschaft, Bevölkerung, Politik. München, Braunschweig 1982, 304 S.

Dudal, R., G. M. Higgins and A. H. Kassam: Land Recources of the World's Food Production. Quelle wie bei Buringh.

Global 2000. Der Bericht an den Präsidenten (der USA). Frankfurt a. M. 1980, S. 266 f.

Ibrahim, F.: Desertifikation, ein weltweites Problem. GR 3 (1978).

Kanwar, J. S.: Managing Soil Recources to Meet the Challenges to Mankind: Presidential Address, Transsactions 12th ISSS Congress, New Delhi 1–32 (1982).

Mc Namara, R. S.: An Adress on the Population Problem to the Massachusetts Institute of Technology, Cambridge/Mass. World Bank, Washington, D. C. 1977.

Mensching, H.: Desertifikation. GR 9 (1979).

Mühl, H.: Über die Kombination der Produktionsfaktoren in der Landwirtschaft im Zuge der wirtschaftlich-technischen Entwicklung unter besonderer Berücksichtigung des Mineraldüngereinsatzes. Diss. Berlin 1967.

Mutert, E. und *H. Recke*: Die Bodenreserven der Erde. Kali-Briefe, Büntehof, 16 (1983), S. 313–322.

Röll, W.: Indonesien. Stuttgart 1979.

Stamer, H.: Agrarpolitik aktuell. Unser Weg in die Zukunft. Frankfurt/M. 1983.

Willer, H.: Agriculture: Toward 2000 – Zielsetzung, Ergebnisse, Bewertung. Ber. Landw. 61 (1983), S. 30–43.

Abkürzungen

Afl.	Ackerfläche
AK	Vollarbeitskraft. Sie leistet in den Tropen selten mehr als 1 500 bis 2 000 Arbeitsstunden im Jahr
AKh	Arbeitskraftstunde
AT	Arbeitstag. In den Tropen zumeist 5 bis 7 AKh
cal	Kalorie
EG	Europäische Gemeinschaft
GE	Getreideeinheit
GV	Großvieheinheit
HF Fl.	Hauptfutterfläche
kcal	Kilokalorie (1 000 cal.)
K_2O	Rein-Kali
kStE	Kilostärkeeinheit (1 000 StE) = 1,408 skandinavische Futtereinheiten
LN	Landwirtschaftliche Nutzfläche
MPS	Motor-PS (Pferdestärke)
N	Rein-Stickstoff
NGV	Großvieheinheit Nutzvieh
N.N.	Normal Null (mittleres Meeresniveau)
P_2O_3	Rein-Phosphorsäure
RE	Südafrik. Rindereinheit: Rind = 1; Schaf = 0,16; Ziege = 0,20; Esel = 0,50; Pferd und Muli = 1,20
RGV	Rauhfutterfressende Großvieheinheit
RiGV	Großvieheinheit Rind
Sh	Schlepperstunde
vH Afl.	in vH der Ackerfläche
ZK	Zugkrafteinheit
ZKh	Zugkraftstunde

Englische Maßeinheiten

Flächeneinheiten:
    1 acre = 0,405 ha = 4047 qm
    1 ha = 2,47 acres
    1 qkm = 100 ha

Gewichtseinheiten:
    1 pound (lb) = 0,45 kg
    1 kg = 2,20 pounds (lbs)
    1 metr. t = 0,98 long ton
    1 long ton = 1,02 metr. t = 2240 lbs (engl. Sprachgebrauch)
    1 short ton = 0,91 metr. t = 2000 lbs (U.S. Sprachgebrauch)
    1 bushel Weizen (60 lbs) = 0,027 metr. t
    1 bushel Mais (56 lbs) = 0,025 metr. t (enthülst)

Ertragseinheiten:
    1 bushel (zu 60 lbs) / acre = 67,25 kg/ha
    100 kg/ha = 1,49 bushel (zu 60 lbs) / acre

Längen- und Hohlmaße:
    1 yard = engl. Elle = 0,914 m
    1 inch (Zoll) = 2,54 cm
    1 Gallone = 4,54 l

Worterklärungen

Hauptgruppen landwirtschaftlicher Betriebsformen in den Tropen:
- *Extensive Weidewirtschaft* = Nutzung von Naturweiden durch anspruchslose Weidetiere ohne Düngung, Bewässerung, Stallhaltung und nennenswerte Futterwerbung.
- *Regenfeldbau* = *Trockenfeldbau* = Ackerbau ohne künstliche Bewässerung.
- *Bewässerungsfeldbau* = Ackerbau mit künstlicher Bewässerung.
- *Betriebsformen mit Baum- und Strauchkulturen* = Pflanzungen von Kaffee, Tee, Kakao, Kautschuk, Kokos-, Ölpalme, Sisal etc.

Wichtigste Fruchtfolgekategorien:
- *Urwechselwirtschaften* = Fruchtfolgen, die langjährige Wildbranche wie Wald, Busch oder Gras einschließen. Z. B. *Savannen-Umlagewirtschaft oder Waldbrandwirtschaft* (Shifting Cultivation).
- *Feldgraswirtschaften* = Fruchtfolgen, die mehrjährige Futterkulturen einschließen.
- *Felderwirtschaften* = Fruchtfolgen mit nur kurzlebigen Kulturen. Das schließt nicht aus, daß Schwarzbrache eingeschoben wird wie in der *Getreide-Brachwirtschaft* zur Wasserspeicherung (*Trockenfarmerei, Dry Farming System*).
- *Fruchtfolgen mit mehr als einer Ernte im Jahre*, d. h. der Ackernutzungsgrad (Erntefläche vH Afl.) ist größer als 100. Zumeist Bewässerungswirtschaften.

Sammelbegriffe für Betriebsgrößen und -typen der Tropen:
- *Farm* = Landwirtschaftlicher Betrieb jeder Art und Größe.
- *Pflanzung* = Bestand an Baum- oder Strauchkulturen; auch Farmen mit dominierenden Baum- und Strauchkulturen.
- *Plantage* = großbetriebliche Pflanzung, zumeist mit eigenen Aufbereitungsanlagen für ihre Ernteprodukte.
- *Ranch* = extensive Weidewirtschaft im Dienste der Rindfleischproduktion.

Weitere Begriffe aus dem Landbau der Tropen:
- *Kamp* = eingehegte Weide = Koppel. *Kampen* = Einzäunen.

- *Trecken* = Treiben von Viehherden auf entfernte Ausweichweideflächen.
- *Monokultur* = ständiger Anbau der gleichen Kulturpflanze auf dem gleichen Felde.
- *Monoproduktion* = Ausrichtung der Farm auf nur ein Erzeugungsziel.
- *Ratoon-Rohr* = Zuckerrohrbestand, der nicht durch Neupflanzung, sondern durch Stockaustrieb begründet ist.
- *Wasserreiskultur* = Anbau auf künstlicher Bewässerung (zumeist *Naßreiskultur*).
- *Trocken- oder Bergreiskultur* = Anbau ohne künstliche Bewässerung.
- *Paddy* = ungeschälter Reis, also die geerntete Reisfrucht.

Intensitätsbegriffe:
- *Intensität* = Höhe des Arbeits + Sachaufwandes + Zinsanspruches je Hektar. Zur näheren Kennzeichnung spricht man von vieh-, arbeits- oder düngerintensiven Betrieben. Grundlegend wichtig aber ist die Unterscheidung zwischen
- *Betriebsintensität* = *Organisationsintensität* = Anteil der Intensivbetriebszweige wie Hackfruchtbau, Sonderkulturen oder Milchviehhaltung im Rahmen der Betriebsorganisation und
- *Spezieller Intensität* = *Bewirtschaftungsintensität* = Aufwand an Arbeit, Dünger, Kraftfutter usw. in ein und demselben Betriebszweig.

Kostenbegriff
- *Feste (fixe) Kosten* = Kosten, die von Produktionsrichtung und Produktionsmenge unabhängig sind;
- *Bewegliche (variable) Kosten* = Kosten, die von beiden abhängig sind;
- *Spezialkosten* = Kosten, die einzelnen Betriebszweigen eindeutig zugerechnet werden können;
- *Gemeinkosten* = Kosten, die nicht eindeutig zurechenbar sind;
- *Durchschnittskosten (Vollkosten)* = Gesamtkosten dividiert durch die Produktionsmenge;
- *Grenzkosten* = Kosten, die auf die letzte Mengeneinheit entfallen (also nur variable Kosten).

Erfolgsbegriffe
- *Rohertrag* = Landwirtschaftliche Betriebseinnahmen + Wert der Naturalentnahmen (inkl. Mietwert der Wohnungen) für Privat, Alteil, Naturalpacht und Naturallöhne + Wert der Bestandsveränderungen an Vieh und selbsterzeugten Vorräten.
- *Deckungsbeitrag* = Geldrohertrag abzüglich variable Spezialkosten.

Variable Spezialkosten sind die Kosten für Saatgut, Tiermaterial, Tierarzt, Kraftfutter, Mineraldünger, Pflanzenschutzmittel, Trocknung, Reinigung u. ä.; teilweise auch die Zugkraft-, Maschinen- und Handarbeitskosten (Saisonhilfskräfte); ferner der Zinsanspruch des Umlaufkapitals.

– *Betriebseinkommen* = Rohertrag minus Sachaufwand, Kostensteuern und Lasten = Einkommen der Produktionsfaktoren Boden, Arbeit, Kapital und Unternehmerleistung.

– *Roheinkommen* = Betriebseinkommen minus Fremdlöhne = Einkommen der bäuerlichen Familie aus Boden, Arbeit, Kapital und Unternehmerleistung.

– *Arbeitseinkommen* der bäuerlichen Familie = Roheinkommen minus Zinsanspruch des Aktivkapitals.

– *Reinertrag* = Roheinkommen minus Lohnanspruch der familieneigenen Arbeitskräfte = Verzinsung des Aktivkapitals + Unternehmergewinn.

– *Brutto-Bodenproduktivität* = Rohertrag je ha LN.

– *Brutto-Arbeitsproduktivität* = Rohertrag je AK.

– *Netto-Bodenproduktivität* = Betriebseinkommen je ha LN.

– *Netto-Arbeitsproduktivität* = Betriebseinkommen je AK.

Register

Ackerbausystem 174 ff.
Ackergrünlandverhältnis 16, 19, 92, 142, 172 ff.
Ackernahrung 71
Ackernutzungsgrad 179
Ägypten 179
Agrarbetriebe 9 ff.
Agrargeographische Raumeinheiten 9
Agrarlandschaften 9
Agrarregionen 9, 30, 92, 166
Agrarstaaten 38, 40, 42 f., 97 f.
Agrarsysteme 164, 186 ff.
Agrarzonen 9, 12, 161, 167
Argentinien 46 ff.
Aufbereitungsindustrie 183
Autochthone Landwirtschaft 33, 120, 167, 174 f.
Agronomische Trockengrenzen 135 ff.
Alternativer Landbau (biolog. Landb.) 77 ff.
Anbaugrenzen 127
Anbaukonzentration 65, 127
Aneignungswirtschaft 55 ff.
Arbeitsintensität 15 f.
Arbeitsproduktivität 15 f.

Baum- und Strauchkulturen 183 ff.
Baumwolle 184
Beregnung 68 ff.
Bergreis oder Trockenreis 147 ff.
Besiedelungsdichte 124

Betriebsformen 19, 28 ff., 161 ff.
Betriebsgestaltungskräfte 32 ff.
Betriebsgrößenklassen 70 ff., 89 ff.
Betriebsintensität 87 ff.
Betriebssysteme 28 ff.
Betriebsvielfalt 87 ff.
Bevölkerungsdichte 96 ff.
Bevölkerungswachstum 94 f., 98
Bewässerungsfeldbau 64 ff., 176
Bewirtschaftungsintensität 123
Bezugs- und Absatzlage 141
Bodennutzungssystem 28 f.
Bodenreicher Familienbetrieb 70 ff.
Brandkultur 22
Brasilien 46 ff.
Bruttosozialprodukt 30
Buschmänner 32, 166 ff.

China (VR) 21, 30

Dattelpalme 127, 183
Dauergrasland 28 f.
Dauerkulturen 28 f.
Dauerkultursysteme 181 ff.
Diversifizierung 75 ff.
Dornsavanne 152 f.
Dreifelderwirtschaft 12
Düngung 110, 78 f.

Effektive Grenze des Landbaues 124
Einkommensverteilung 99, 101 f.

Eiweißgehalt (Protein) 23
Energiewirtschaft 20f., 23, 59
Entwicklungsländer 20ff.
Entwicklungsprognosen 74
Entwicklungsstrategien 72f.
Entwicklungsstufen 91
Erdnußfarmen 149ff.
Ernährungsbilanz 18, 20, 103, 109
Ernährungsgrundmuster 104ff.
Ertragsveredelnde Nutzviehhaltung 18ff.
– –, Energieausbeute 18
– –, Nährstoffausbeute 18
Erwerbsstruktur 99f.
Exploitierende Wirtschaftsformen 32f.

Familienbetriebe 189
Feldgraswirtschaft 175f.
Fettvieh 141
Feuchtsavannen 148f.
Feudalismus 188f.
Fruchtfolgen 16, 28f., 157, 177ff.
Futterbauregionen 172ff.

Geflügelhaltung 18, 20f.
Gemüseanbau 80
Gestaltelemente 94ff., 111ff.
Getreidebau 31, 177f.
Getreideverarbeitende Veredelungsproduktion 19
Großbritannien 176
Großräume 96, 98, 100ff.
Gründüngung 16
Grünlandbetriebe 172ff.
Grünlandschaft 16

Hackbau 60f.
Hackfruchtbauwirtschaften 178ff.

Häute 141
Hafennähe 142
Halbmastvieherzeugung 171f.
Halbwüsten 153ff.
Handarbeitsstufe 55f.
Hangneigung 140
Höhengrenzen 129f., 150
Höhenklimate (tropische) 150
Höhenlagen (tropische) 129ff.
Höhenminimum 129ff., 150
Höhenspanne 129, 150
Höhenstufen 129
Höhentoleranz 14, 150
Hühnermast 18, 20f.
Hungerresistenz 31
Hungersnöte 31

Indien 30, 96, 179
Indonesien 131
Industrie-Agrarstaaten 40, 120f.
Industriestaaten 20, 22, 41, 43f.
Innovationen 20f., 27

Jagd- und Sammelwirtschaft 32, 155, 166ff.
Jahreszeitenklimate 117f.
Japan 168, 179
Java 131

Kaffee 183
Kapitalintensität 84ff.
Kapitalistische Agrarbetriebe 20f., 190
Kapprovinz 197
Karakuls 142
Kautschuk (s. Hevea) 127
Kenia 130
Khuzestan (Iran) 179
Klassifizierungsrahmen 160ff.
Kleinbetriebe 20f.
Kleinwiederkäuerhaltung 118, 135, 138, 141

Klimate, allgemein 115ff., 148
–, kühl-gemäßigte 116
–, warm-gemäßigte 116
–, tropisch-feuchte 20f., 124
Klimazonen der Erde 148
Körnerbauwirtschaften 176f.
Körnermais 127, 177
Knollenfrüchte 149
Kokospalme 127
Kollektivistische Agrarsysteme
    191f.
Kommerzialisierung 142f.
Komplementäre Betriebszweige
    15ff.
Konsumstrukturen 2f.
Kontinentalklima 197f.
Kostendegression 80f.
Kostenleistungsverhältnisse 39

Landschaftszonen 115ff., 147ff.
Landwirtschaftliche Erwerbsper-
    sonen 24f.
Lappen 187
Lappland 187
Lateinamerika 28ff., 38, 46f.,
    57, 62f., 66, 76, 91ff., 95f.,
    98, 100ff., 106, 112, 116ff.,
    120f., 127, 130, 148, 184, 189,
    193
Latifundien 189
Lebenserwartung 99
Legeleistung 25f.
Lohnniveau 45ff.

Magdeburger Börde 179
Magerviehaufzucht 141
Marginale Standorte 123ff.
Marin sommerkühles Klima 148
Maritime Futterbauzonen 172f.
Maritimes Klima 173
Marktentfernung, allgemein 125,
    141

–, Nahzone 141f.
–, Mittelzone 108ff.
–, Fernzone 125, 141f.
Marktfähigkeit 141f.
Marktleistung 161f.
Marktorientierung 124f., 141f.
Marktwirtschaft (freie) 22, 141f.
Mechanisierung 40ff., 60f.
Mediterranes Klima 118, 137
Meeresgrenzen 139
Migration 97
Milchleistung 25, 176
Milchproduktion 141, 176
Minimalkostenkombination
    36ff.
Monokultur 28f.
Montane Futterbauzone 173
Moorbrandwirtschaft 33
Mutterlose Aufzucht 25

Nahrungsspielraum 18, 64ff.,
    102ff.
Nahrungswirtschaft 22f., 32
Niederschlagsverhältnisse 111ff.
Nildelta 179
Nomadenwirtschaft 28f., 32,
    155, 170, 187

Ökologische Streubreite 13f.,
    125ff.
Ökonomische Streubreite 13f.,
    140ff.

Planzungen 181ff.
Pflanzungskultur 167, 183
Pflugkultur 60f.
Plantagenwirtschaft 12, 22,
    182ff.
Plantagenkultur 183
Plantagenzonen 161
Poebene 176
Polare Futterbauzonen 172

– Landbaugrenzen 125 ff., 148
Produktionselastizität 16
Produktionsprogramm 14, 75 ff.

Räumliche Differenzierungen
    122 ff.
Ranch 28 ff., 171 f.
Regenfeldbau 2, 136, 149
Regenklimate 147 ff.
Regenwald 147 ff., 131
Regenwaldklima 147 ff.
Reisproduktion 127
Rentabilitätsgrenze 124
Rentenfeudalismus 188 f.
Rieselverfahren 65, 68 ff.

Sahara 137
Sahelländer 30, 32, 138
Schlepperzugkraft 47, 56 f., 145
Schweinehaltung 18 ff., 28 f.
Shifting Cultivation 22, 174 f.
Sibirien 179
Siedler 124
Siedlungsgrenze 140 ff.
Siedlungsraum 124
Siedlungsweise 28 f.
Spezialisierung 17, 75 ff.
Stammes- und Sippenlandwirt-
    schaft 187 f.
Stauverfahren 65 ff.
Subsistenzbetriebe 143, 161
Subtropen 155 ff.
Südafrika 30
Südamerika 30

Techn. Fortschritte 23 ff., 64 ff.,
    144 ff.
Technologie-Transfer 26, 59
Tee-Anbau 131 f., 183
Tierzucht 19, 25 f.
Tragfähigkeit 32, 97 f.
Traktor s. Schlepper

Tränkwasserversorgung 145
Transhumance, allgemeines 170,
    187
Transportfähigkeit 10 ff.
Transportkosten 10 ff.
Transportprobleme 10 ff.
Trockengebiete 151 ff.
Trockengrenzen 133 ff.
Trockenhold 151 ff.
Trockenklima 151 ff.
Trockenresistent 151 ff.
Trockensavanne 151 ff.
Trockensteppe 153 f.
Trockenwald 151
Trockenzeit 149 ff.
Tropen 30, 147 ff.
–, äußere 151 ff.
–, innere 147 ff.
Tropische Höhenlagen 150 f.
– Klimate 147 ff.
– Tieflagen 147 ff.
Tropfbewässerung 68

Überweidung 32
Umweltbelastung 25
Unterflurbewässerung 68
Urbanisierung 97
Urwechselwirtschaft 22
USA 46 ff., 50 ff.

Verbundproduktion 15 ff., 75
Veredelung 18 ff.
Veredelungsverluste 18
Vereinigtes Königreich 29, 31,
    63, 66, 91 f., 95, 101 ff., 112,
    116, 119 f., 126 f., 148, 167,
    193
Verfahrenstechnik 54 ff., 64 ff.,
    69, 75 ff., 145
Verkehrserschließung 144
Verkehrsgrenzen 141 f.
Vorausschau (s. Prognose) 185 f.

Wanderarbeiter s. Saisonarbeiter
Wanderfeldbau 174 f., 188
Wanderschäferei 187
Wandertierhaltung 187
Wegwerfställe 25
Weidenomadismus 170
Weidewirtschaft 12, 28 f., 92,
  118, 167
–, extensive 141 f., 165 ff.
–, intensive 141 f.
–, ortsfeste 141 f.
–, wilde 170
Weidezone 161
Weltagrarraum 32 ff., 123 ff.
Weltbevölkerung 123
Wettbewerbsverschiebungen
  141 f.
Wettbewerbsverzerrungen 32

Wildbeuterstufe 32
Wirtschaftsformation 120 ff.
Wirtschaftsformen 32 ff.
Wirtschaftstheorie 44 ff., 87 ff.
Wirtschaftswachstum 70 ff., 88,
  90 f., 143 ff.
Wirtschaftszonen 12 f.
Wohnzone 13, 161
Wolle 141 f.
Wollschafhaltung 141 f.

Zuckerrohranbau 53 f., 183
Zuckerrohrlandschaft 53, 119
Zuckerrübenbau 16
Zusammenarbeit, überbetriebli-
  che 60 f.
Zuwachsrate 30
Zugkraftstruktur 56 ff.

Walter de Gruyter
Berlin · New York

B. Andreae

Agrargeographie

Strukturzonen und Betriebsformen
in der Weltlandwirtschaft

2. Auflage

17 cm x 24 cm. 503 Seiten. Mit 121 Abbildungen,
49 Übersichten, 78 Tabellen, 2 Farbkarten in der
Rückentasche. 1982. Fester Einband. DM 98,–
ISBN 3 11 008559 3

Die 1. Auflage dieses einzigen deutschsprachi-
gen Lehrbuches der Agrargeographie im Weltmaßstab führte sich überraschend gut ein und
hat wesentlich zur Weiterentwicklung der Agrargeographie beigetragen. Die Neuauflage bot die
Möglichkeit, neuere Entwicklungen und Regio-
nalstudien zu berücksichtigen sowie das
gesamte Datenmaterial zu aktualisieren und zu
vervollständigen.

Das Buch erfuhr gegenüber der 1. Auflage eine
kräftige Umfangserweiterung.

Insgesamt ist eine Schwerpunktverlagerung
zugunsten der Agrarregionen erfolgt.

Glossar, diverse Verzeichnisse und ein Sach-
register mit ca. 1 500 Stichworten dienen der
Erschließung des Buches. Überzeugende Systematik und einfache Sprache tragen dazu bei,
daß auch schwierige und komplexe Zusammen-
hänge leicht verstanden werden können.

Preisänderung vorbehalten

Walter de Gruyter
Berlin · New York

B. Andreae

Weltwirtschaftspflanzen im Wettbewerb

Ökonomischer Spielraum in ökologischen Grenzen · Eine produktbezogene Nutzpflanzengeographie

17 cm x 24 cm. 301 Seiten. Mit 47 Abbildungen (davon 10 Kartenskizzen), 63 Übersichten und 1 Farbkarte. 1980. Fester Einband DM 78,–
ISBN 3 11 008129 6

Es handelt sich um eine interdisziplinäre Monographie, deren Inhalt in dem Dreieck Agrarökonomie – Agrarbiologie – Agrargeographie lokalisiert ist. Die wissenschaftssystematische Einordnung des Buches ist schwierig.

Ausgegangen wird von Agrarprodukten der Produktgruppen und gefragt wird, auf welchen Standorten und mit Hilfe welcher Wirtschaftspflanzen die Produktionsziele im Wettbewerb freier Marktwirtschaften am besten erreicht werden können.

In unserer Zeit zunehmender Welthandelsverflechtungen sucht das Buch Schnittpunkte zwischen geographischen, geoökonomischen und geobiologischen Zusammenhängen.

Preisänderung vorbehalten